U0265191

美人的笑容冶炼着金子

遍地野花隆重开放

——仓央嘉措

天涯芳草

PERSONAL ENCOUNTERS
WITH PLANTS

刘华杰◎著

长江出版传媒　长江少年儿童出版社

图书在版编目（CIP）数据

天涯芳草 / 刘华杰著 . — 武汉：长江少年儿童出
版社，2024.1

ISBN 978-7-5721-4283-3

Ⅰ.①天… Ⅱ.①刘… Ⅲ.①博物学 Ⅳ.① N91

中国国家版本馆 CIP 数据核字（2023）第 160533 号

TIANYA FANGCAO
天涯芳草

出 品 人：何 龙　　　　　策　划：何少华 傅 篯
责任编辑：罗 曼 龚华静　　责任校对：邓晓素
封面设计：林海波
出版发行：长江少年儿童出版社
责任印制：邱 刚
业务电话：027-87679199
网址：http://www.hbcp.com
印刷：武汉新鸿业印务有限公司
经销：新华书店湖北发行所
版次：2024 年 1 月第 1 版
印次：2024 年 1 月第 1 次印刷
规格：787 毫米 × 1260 毫米
开本：16 开
印张：31.75
字数：360 千字
书号：ISBN 978-7-5721-4283-3
定价：88.00 元

本书如有印装质量问题，可联系承印厂调换。

序

　　日前，同事罗毅波先生拿给我北京大学哲学系刘华杰先生编著的即将出版的《天涯芳草》一书部分打印稿，我翻看了一遍，完全想不到的是，一位哲学家竟然对植物界、对大自然高度热爱，对北京平原和山区的植物如数家珍，对西藏珠峰、云南山区、广东深圳、陕西秦岭、故乡长白山，以及国外造访的柬埔寨、斯里兰卡和英国的植物都抓紧时间进行观察。从文中，我了解到刘先生的求知欲极为强烈，为了认识睡菜，他不辞辛苦，远赴北京延庆大秦铁路边的一条小河，找到这种植物；为了认识蓝莓，以及了解其培育情况，远赴蓟县（2016年改为蓟州区）淋河村。刘先生对植物的营养器官，尤其对花和果实的观察十分认真，像对睡菜的花的描述，既很翔实，也很生动，再配上精美的彩色照片，使此书成了一本鉴定北京野生植物的工具书；实际上，此书也已是刘先生希望编写的画册类的《北京野花》著作。刘先生学问渊博，书中多处涉及园艺、农业、文学、历史等方面，当然，重点在植物分类学方面，对书中介绍的国内外大量植物的拉丁名做出鉴定，需要查阅大量植物分类学文献，这方面的工作量很大、很艰巨，对此，我深为钦佩，并感到刘先生是一位不多见的多才多艺的业余植物学家。

在书中，对一些问题，刘先生常发表中肯的意见，像提出北京近年引进了一些国外切花，却忽视了我国自己的丰富观赏植物资源，并提出了在北京有分布的杏叶沙参、山丹等多种有观赏价值的野生植物，建议有关园林部门进行驯化并批量生产。再如，提出将北京广布的十字花科植物诸葛菜（二月兰）作为市花的建议。对上述两点意见，我都认为很有意义，值得有关方面给予考虑。

我读完此书部分内容后，认为此书是一本富有知识性、艺术性、科学性和趣味性的植物学普及著作。从此书中我得到不少知识，由此，我相信此书近期出版后，定会受到北京以及其他地区群众的欢迎，还相信，在读者中，定会有不少人向刘先生学习，也奔向大自然，去寻找"芳草"。

王文采

2010年11月19日

王文采（1926—2022），中国科学院院士，主要研究领域为植物分类学、植物地理学。

天涯可能不遥远

很少有人真的不喜欢花草。

"天涯芳草"这一书名想表达的意思是："咫尺天涯"以及"天涯何处无芳草"。古代周制八寸为"咫"，天涯可远可近。个体对时空的感受是相对的，某种意义上天涯未必很远，不必到海角就能感受天涯。随着现代交通的发展，原则上，到地球上任何一点，都不是特别困难、费时，关键是想不想去，去了做什么。有想法的可能没钱，有钱的可能没心思或者没时间。

人生因为有惊奇感而颇有存在的必要，儿童对一切最好奇。如果没有好奇心，就不必追求科学、艺术，等等。

远方的奇花异草，容易吸引目光，只要有机会，便能治疗"审美疲劳"。于是，人们不断地走向远方，寻找新的天涯。通常的自然探险，大都有这方面的因素，但这是一种"边际效用递减"的过程。考虑到个体人生有限，这种过程在一代人中不会"崩盘"；下一代人出世因为没有长辈的记忆，一切还得从头来，这真是幸事。我也不能脱俗，一有机会也会到外面走走；每到一处，必留心当地的草木。这样，大明山的四川大头茶、四姑娘山的红花绿绒蒿、汶川的岷江百合（帝王百合）、泸沽湖的云南翠雀花、西藏林芝的假百合以及柬埔寨的炮弹花、斯里兰卡的华贵璎珞木，就进入了视野。

这条进路并不值得特别推崇、推荐，现代性光照下的种种旅游，做的不就是这些吗？只要有钱、有时间、愿意把目光锁定在植物上。

另一方面，芳草也许就在"咫尺天涯"，在校园、在社区、在街边、在自家的后院里。只要有一丝博物情怀，就能发现世界的美丽、演化的精致。首都北京周边就有芳草，百花山的胭脂花、灵山的长筒滨紫草、沽源五花草甸的金莲花，谁能说不美？北京城马路边的白玉兰和各种月季、北京大学校园的猬实和荠菜、清华校园的珙桐和紫荆，真的很漂亮。想看到它们，也并非难事——显然不需要录取通知书。在北京的某块草地上，不用特意挑选，只要肯蹲下高贵的身躯，就有机会目击独行菜、荠菜、藜、诸葛菜、早开堇菜、斑种草、附地菜、萹蓄、中华苦荬菜、抱茎小苦荬（尖裂假还阳参）、米口袋、地黄，运气好的还能看到弹刀子菜、通泉草、点地梅、荔枝草，甚至半夏和紫筒草。

不用等到它们开花，从它们在春风中钻出地表，一直到秋末枯萎，都值得细细观赏、品味。能这样做，哪怕一年、一月甚至只有一次，也必有收获、必有发现。绝大多数人因为没试过，所以并不知道其中的奥妙。还能有"发现"，太廉价了吧？没错！发现并不是科学前沿的专利，每一个发现也未必要写成"SCI文章"发表出来。博物学重视个人知识或者私人知识。见识自己以前所不知，对我们而言就是发现。为全社会增加了公共知识叫发现，把已有的公共知识"下载"、通过观察而转化为私人知识，也是一种发现。在知识爆炸的年代，公共知识多得很，《中国植物志》80卷126册，早就出版了，与你、我、他何干？只有通过亲身实践，"关注一片具体的叶子"（田松博士语），对照其中的一部分，那些知识才算与自己关联起来，那些所谓的公共知识也才做到了社会化。

作为哲学系的一名教师，为何花大量时间关注哲学上一向瞧不上眼的具体的花花草草？这是一个问题。我已经在《玫瑰之吻》的译后记中，拉大旗，作虎皮，做过外在的辩护。此处，我想说得更实在点。首先要纠正的是，并非所有哲学都如此。柏拉图确实是伟大的哲学家，他以为"意见"与"知识"能够明确区别，这只是一种理想或者偏见。这种偏见影响了无数后代哲学工作者，以至于如今西方主流哲学仍然死盯着范畴、命题、论证和真理，而忽视其他种种可能性，东方哲学依然没有恰当的国际地位。柏拉图想象，某种人能够"认识美本身，能够分别美本身和包括美本身在内的许多具体的东西，又不把美本身与含有美的许多个别东西彼此混淆"，这种人才是清醒的，才算有知识。柏拉图看重"眼睛盯着真理的人"，认为仅有这些人才算清醒者，其他人都在睡梦里。某种意义上，这是对的，柏拉图的进路也催生了无数有实力的科学技术，但那终究不是全部。如果众人都沿那条进路做哲学，反而可能错过了其他洞察真理的机会，更不用说反省数理科学本身了。

我的看法是，或许"理一分殊"，然而，万物分有的"一理"以多种形式存在于具体事物之中。放弃具体经验的积累和感悟，直捣黄龙，只能是一种虚幻的超越和对真理的廉价"访问"。不晓得植物，是看不懂《诗经》的。"多识于鸟兽草木之名"，不仅仅是名物、博物、常识上的小事，更是关乎哲学的大事。自然哲学、环境美学、生态哲学，如果离开了对具体自然事物的深厚情感、琐碎知识，以及对万物之间普遍联系的切身感受、领悟，那是根本入不了门的。回到我喜欢的"一阶"与"二阶"的表述，分科之学培养出来的学生自然不缺少某一具体学科的一阶知识，如植物学、昆虫学、地质学甚至生态学知识，但是，这些知识如果没有二阶观念的配合，可能引向某种知性的偏执，无法达到某种超越性的境界；反过来，哲学界倒是不缺少二阶观念，但相当多流于口头和纸面，名实不对应，自以为得道，也是相当可怜的，用苏格拉底的话讲，"他们只是有点像哲学家罢了"。

本书的读者，职业可能与哲学不相干，也未必是做自然科学研究的。我们"拈花惹草"，是出于博物学这样一门古老传统，人类大部分时间靠这样一种传统过活。博物学既是科学也不是科学。拉马克、达尔文、华莱士、古尔德、威尔逊是博物学家，许多无名"草民""鸟人"（业余观鸟者）也是博物学家。如今，我们看重博物学，仍然没必要把它硬往科学上套，因而也不必过多受科学的约束。我们看植物、认植物，尊重科学的方法，但不必拘泥于科学的方法。

科学之外还有方法？只有唯科学主义的思维才会这样傲慢地想问题。我敢说，我认植物以及许多植物分类学家认植物，并非总是遵照科学方法。植物检索表上只列出少数几项特征来区分不同的植物，实际上有N种甚至无数种特征可以区分，比如山桃与山杏，独行菜与荠菜。不同人对不同的特征有不同的敏感性，只要能区分，他或她就可以采用，用了也可以不说。在某一时段，遇到的植物很可能并不显现检索表上所列出的花或果的特征，难道就不用或无法鉴别了吗？非也。只要用心观察，我们就可以看到更多的相似点和更多的差异，甚至真的可以做到"扒了皮认得骨头"。没有受过任何教育的乡村老农或小孩，也能区分大量家乡的花、树、鸟，一年四季全天候地，几乎没有差错，而不是像若干只有半瓶子知识的研究生或专家，只能对照书本，找到了关键特征才敢说话，有时仍然张冠李戴。原因是，前者投入了更多。前者的知识是地方性的、不系统的，却也是多维的、近似全息的。

只要用心，无论用什么方法，哪怕是神秘的方法，分类的结果一般来说也可能是"同构"的。即使有一些差异，仍然是可以解释清楚的，用科学哲学的话讲是"可通约的"。

欣赏大自然的美丽，感受花草以及大自然的智慧吧！看植物有什么用？最好先假定没用，尝试后才知道。我的体会是，博物学确实令人快乐，博物学可以培育一个人的敬畏之情、谦卑之心、感恩之德。

本书的内容绝大部分在《人与自然》《科技潮》《大众科技报》《生命世界》《读者·原创版》等报刊发表过，感谢刘硕良、尹传红、李进诸位先生当初的约稿。特别是刘硕良先生，若没有先生的建议，我恐怕根本不会去写植物。书中有十多篇曾收入江苏人民出版社的《草木相伴》，本书可视为其增补版，虽然内容翻了倍。我曾在不同场合向林秦文、汪劲武、罗毅波等先生请教过一些植物的名字。网络上许多陌生的朋友与我交流过植物知识，令我收获不小。我的父亲是我的第一位植物老师，虽然父亲当初可能是无意识的，在博物学上，他永远是我的老师。我可爱的女儿晨晨现在虽然不热衷于博物学，但她小时候还是愿意接触植物的，也能叫出一些名字。也许有一天，当她自由了，有权支配自己的时间时，她会像我当年一样，重新拾起儿时对大自然的热爱。我的爱人多年来一直支持我四处行走、爬山、看植物，等等。北京大学出版社王立刚先生为此书的出版做了大量细致的工作。在此，对所有老师、朋友、亲人表示感谢！

刘华杰

2010年5月28日于北京大学

补充：2023年长江少年儿童出版社推出第二版，改正了若干错误，更新了一些植物的分科信息，文字则尽可能不改动。因为原书不仅介绍了一些具体知识，也以第一人称的写法保留了一些历史线索。虽然博物学门槛低，但有些内容对青少年朋友来说可能还是不容易理解。没关系，此书不是教材，看第一遍不需要全都搞懂，能读懂一半即可。有些东西，长大了读才能明白。向推出第一版的北京大学出版社和编辑王立刚先生表示感谢！长江少年儿童出版社推出新版时，编辑罗曼女士对原稿重新进行了精细编辑。感谢何龙社长和罗曼女士。

2022年1月11日于肖家河

紫草科紫筒草，2007年4月28日摄于北京昌平虎峪。

上左图：报春花科钟花报春，2009年7月17日摄于西藏林芝鲁朗。　上右图：毛茛科云南翠雀花，2008年8月17日摄于云南泸沽湖。　下左图：兰科西藏杓兰，2007年6月27日摄于四川阿坝州巴朗山。　下右图：毛茛科红花绿绒蒿，2007年6月30日摄于四川黄龙。

豆科团垫黄芪（*Astragalus arnoldii*），垫状，高度约2厘米。
2009年7月21日摄于珠峰大本营（坐标：北纬28°8'30"，东经86°51'5"）。

上图：四川大头茶的树干，2009年12月1日摄于广西大明山。

下图：菊科驴欺口，2009年8月1日摄于内蒙古克什克腾旗黄岗梁。

目录

叁　梅边吹笛

壹。

咫尺天涯

荇菜和睡菜

"关关雎鸠,在河之洲,窈窕淑女,君子好逑。参差荇菜,左右流之,窈窕淑女,寤寐求之。"前一句写男女相见,后一句写相恋。不求准确,译成白话大意是:水鸟在河上喊喊叫着,小伙子遇见美丽的姑娘,萌生爱意。水中荇菜漂浮女子左右,自然而然地衬托着佳人的优美身段。这图景令青年浮想联翩,夜不能寐。

诗中"君子"有多大,我们并不知道。

古时候荇菜(*Nymphoides peltata*)的地位想必相当于今日的玫瑰(在"左右流之"后面还有"左右采之""左右芼之"),均是爱情的催化剂。现在流行送蔷薇科的玫瑰,那时可能流行赏睡菜科(原龙胆科)的荇菜。《诗经·国风·关雎》中提到的这种爱情植物"荇菜",也写作"莕菜",这两个出现频率不高的怪模样汉字都读作"性"(xìng)。

国标《信息交换用汉字编码字符集基本篇》(GB2312—80)中没收"莕"字,"荇"也仅列在国标二级字中。当初制定标准的人似乎不太看重这个物种。这属于瞎猜测。不过,从《诗经》的创作到现在有两千多年了,人们逐渐把这种植物遗忘,倒是事实。

坐落于北京市海淀区的北京大学,校园中未名湖和朗润湖就有荇菜,它们静静地漂浮在湖边水面上,每年6月都如期开出漂亮的金黄色小花。如今没多少人认得"它们",甚至极少有人低头看一眼。

夏日里,校园的恋人们坐在湖边石墩上亲密、唠叨之余,几乎不用故意扭动身躯，荇菜就会落入视野。我担保，荇菜的叶和花绝对值得仔细观赏。恋爱时想想《关雎》，也并不跑题。

睡菜科的这种植物，叶颇像睡莲或莼菜，细看却是不同的。荇菜的茎分节，节上长叶和花莛。叶革质，下面紫褐色，上面光亮呈绿色。花冠黄色，5深裂，5次旋转对称（植物学界喜欢说"辐射对称"）。花冠每个裂片边缘都长有较宽的薄翅，状似枕头、床罩、长裙上的"抽褶"，边缘还有不整齐的小锯齿。整体上看来，花冠像舞台上奇特的花扇。

在城市里想瞧见睡菜科的植物并不容易，因为这个科的植物多数生长在荒野湖泊、湿地，极少人工栽培。

除了荇菜，睡菜科里还有一种水生植物，本来也可以长在城里的水体中，它的名字就叫"睡菜"（*Menyanthes trifoliata*）。不过，《北京植物志》根本没有记载这种在我看来极为重要的睡菜，不知是何种原因。睡菜比荇菜还美丽，北京大学未名湖中应当引进这种植物。

2009年4月26日，林秦文发来邮件，告知他在北京见到了正在开花的睡菜，同时传了三张照片，建议我有空也去瞧瞧。他读本科时我们就认识了，那时在北京门头沟小龙门野外一起看植物。在我看来，他是少有的对植物分类有天赋和热情的年轻人。现在小林已经在中国科学院植物研究所工作，是远近闻名的植物分类专家。

小林告知了详细的"目击"地点：北京北部的某小河边。我以前只听说过而没有见过这种植物，得此确切消息，立即精神起来。我马上给相机和相机上的土制GPS（全球定位系统）充足电。第二天一早开车约100千米寻找睡菜。这不算啥，有一年为了找一种逸生的药用鼠尾草，我从北京专程赶到河北沙城。

小林描述的地点是铁路旁的一条小河，一瞬间我就猜到是指通过北京延庆的大秦铁路。我很快找到那条小河，但没发现睡菜。那小河，其实只是一条小水沟，窄处1米左右，一步就能跨过去，宽处也就五六米。不过水确实在流动。

我沿小河向上游寻找，走了1千米，还是没找到。然后转向下游，不到500米，"我发现了！"准确说应当是，"我看到了！"没错，成片生长的睡菜，许多窈窕淑女！睡菜正值盛花期，非常优雅。

高兴，真的高兴。坐下来欣赏了半天。然后是习惯性地拍摄，十年来我坚持为各种植物拍照，自然也认识了许多植物。GPS数据直接写入了照片文件：北纬40°30'27"，东经115°55'25"，海拔484米。

睡菜特征明显。叶基生，三出复叶。叶柄较长，可达20厘米，基部变宽，鞘状。花葶由根状茎顶端抽出，总状花序。花冠乳白色，深裂，也是5次旋转对称。当然，花冠个别有6深裂的，就像紫丁香花除了4裂还有5裂、6裂、7裂的一样。最特别之处是，花冠内表面有流苏状的长毛，非常精致、漂亮，很像人造毛皮或者高档白地毯上的不那么密实的毛线。"毛线"长约6毫米，并非直线，中间有若干"之"字曲折。雄蕊着生在冠筒中部，恰好安排在各个花筒裂片的凹坑处。雄蕊顶端的花药紫黑色，呈倒钩状。花冠正中间是雌性生殖器官——花柱，柱头末端微微3裂，呈淡黄色。从演化的眼光看，所有这些"设计"都与昆虫传粉有关。

睡菜，为啥叫这名字？它有什么用？能吃吗？

我也不知道。《本草纲目》中就这样叫了。也有叫它暝菜、醉草的。据说此植物的根有润肺、止咳、安眠的作用，名字也许跟这有关。它确实是一种草药，至于有什么药性，我并不关心。

法国思想家、植物爱好者卢梭曾说，江湖医生牢牢把持了植物学界，而在他们眼中，植物被精简成了药草，"人们从中只看到肉眼根本看不到的东西，也就是张三李四任意赋予它们的所谓药性"。卢梭一针见血地指出，那些人不能设想植物本身就值得我们注意。"那些一辈子摆弄瓶瓶罐罐的学究瞧不起植物学，照他们的说法，如果不研究植物的效用，那么植物学就是一门没用的学科。""你要是在一块色彩缤纷的草地上停下来，细细观察灿烂的花朵，看到你的人准会把你当成见习医生，向你讨草药去治孩子的疥癣、成人的疥疮或马的鼻疽呢。"

我深深地赞同卢梭的评论：我在林中高高兴兴地漫步时，如果非要我去想什么发热、结石、痛风，或是癫痫之类的疾病，那简直败兴透了。

在北京，估计没有多少人见过睡菜。但睡菜并不寂寞，它为自己开花、为昆虫开花，总之，它是它自己。正如窈窕淑女为自己而美丽，她是她自己。

2021年补注：非常不幸的是，到了2018年，北京这里的睡菜竟然走向了灭绝。有一天，多人仔细寻找，好不容易才找到了一株。为什么会这样？因为这里进行了"环境整治"，用机器挖水沟中的软泥修路，睡菜的生境受到了严重破坏。在北京，有多少人知道这样一个本土物种正在消失？

我曾在网上贴了一则评论《救救北京的睡菜》，后来受邀刊登于中国科学院生物多样性委员会等主办的学术期刊《生物多样性》上。有关部门看到这则评论，就请有关专家进行研究，甚至打算从外地引进。过了若干年，人们似乎忘了这件事，一切"正常"，睡菜并没有回到北京延庆那块地方。

睡菜科荇菜，摄于北京大学未名湖。

睡菜科睡菜，2010年摄于北京延庆（坐标：北纬40°30'27"，东经115°55'25"）。

平凡而奇特的构树

1984年9月初，我从老家吉林省通化市乘火车到北京上大学。那时候，不流行父母陪同报到。除了行李，我只托运了一只很小的木箱。临行前我还亲自刻上了毛体"北京大学"四个字，涂以红漆。这只箱子竟然现在还保留着。当时办完手续，安顿下来后，我就拿着北京大学校园地图，在燕园里转了起来，一切都觉得新鲜，特别是校园里的植物。

那天晚上，在后湖附近（大约是现在整修后的鸣鹤园），看到一种在东北老家从来没有见过的小树，叶子怪怪的，捏起来毛茸茸的，略微黏手。白天问过几个人，均不认识。又在校园"五四操场"的北部土岗上（现已不存在，地点相当于后来的农园食堂和北京大学游泳馆）见到一些，枝繁叶茂，生命力颇顽强，有的竟然长在水泥缝中。这样的小土岗多数属于某种垃圾堆，当年在北京大学有若干处，每一处上面都长有这种树。在勺园与三院之间，还有若干此种高大的树，并结有一种色彩鲜艳的圆球形果实。点缀着红色果实的树枝依偎在旁边佟园青灰色的四合院墙壁上（老院落如今已拆除，实在可惜）。

很久以后，我才查到此种植物叫构树，古时候称"榖"（gǔ）或者"楮"（chǔ）。《现代汉语词典》的解释是："落叶乔木，叶子卵形，叶子和茎上有硬毛，花淡绿色，雌雄异株。树皮是制造桑皮纸和宣纸的原料。"

构树为桑科植物，学名为*Broussonetia papyrifera*，俗名或别名有肥猪树、纱树、谷浆树等。据说我国台湾地区民间采集树叶饲养鹿或其他

上图：构树雌株（局部），结有橘红色的果实。

下图：构树果实特写。果实微甜，但不宜多吃。

牲畜，所以也叫它"鹿仔树"。

《诗经·小雅·鹤鸣》中说："乐彼之园，爰（yuán）有树檀，其下维穀。"大意是，园中哪里长有青檀（大麻科植物）大树，下面即长有稍矮的构树，但它们都是有用的树木，比喻国家需要各种各样的人才。其实，构树可以长得很高，但很少成材，长到一定程度就会烂芯。构树繁殖率很高，经常成片生长。

构树的叶、果、干、根等各部分都是宝，先民早就了解并很好地利用着这种树。茎皮纤维是优质造纸原料，也可制作衣服；聚花果（称楮实子）及根入药，有补肾、利尿、强筋骨之效；嫩叶和树皮具乳汁，可擦治癣疮等，乳汁据说还能加工成金漆；果实可食，但不能多食；生长迅速，枝干自古就是常用的薪材。

自从认识了它，便发现北京到处都有构树。《酉阳杂俎》上说："构，田废久必生。"确实如此。北京大学校园、百望山、昌平虎峪沟、香山以及道路边均有许多，其中百望山尤多，显然并非特意栽种。我在我国陕西西安、山西大同、广西南宁也见过野生的构树，甚至在越南河内的居民区也见过。2003年11月的一天，我和朋友坐在河内一街边喝啤酒、吃烤鱼片，抬头看街道对面是一排二层楼房，下面是一株构树，树梢蹿到了一层半。因为周围几乎没有其他树，那株树格外显眼。

在植物学意义上，构树的叶和花均较特别，值得一说。它与同科的桑叶类似，但更夸张。构树的叶形千变万化，仅仅这一主题就可以写一长文详细描述。一般说来，构树叶宽卵形或长圆状卵形，不裂或不规则3~5深裂，叶缘有粗锯齿，叶面被有伏毛。用语言实在难以描写构树叶的形状，好在我们有图形可供参考。数年来，我为构树叶拍过大量照片。下面这张图片是摘取鲜嫩的叶片放到扫描仪上，直接扫描而成，没有经过拍摄环节。我用这种"直接成像"的办法扫过许多植物，效果还好。特别是还扫过马齿苋科马齿苋、葡萄科爬山虎（地锦）、天门冬科山麦冬、莎草科异穗薹草等，得到过有立体效果的图片。缺点是，会把扫描仪弄脏。

构树嫩枝上的叶较大，并且叶形丰富。它是雌雄异株植物，雌株上的叶形相对单一，较少有深裂（一般为3裂，深裂者也多数是左右

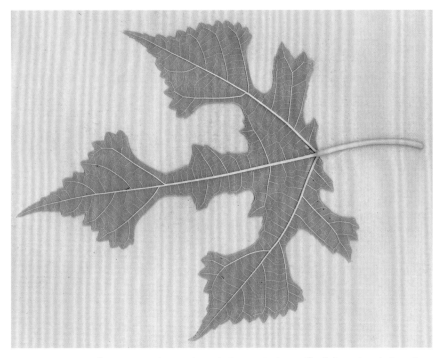

构树的叶形变化多端，这一片近似左右对称。好像被什么"咬"过似的，其实没有，这是它的本来面目。此叶采自北京大学校园。用扫描仪直接扫描而成，背景是一张牛皮纸信封，最好放一张黑纸。

对称的）。

　　说到雌雄异株，构树的雄花呈柔荑花序（类似杨柳科植物的花序），而雌花呈球形头状花序，直径1~2厘米。聚花果呈球形、绿色、较硬，成熟时变肉质、较软，果肉和种子均为橘红色。也有例外，比如我在北京百望山就见过一株，成熟的聚花果不是橘红色，果肉是白色的，果肉内的种子为土黄色。

上图：构树较少见的一种球状花序，果肉白色，种子为土黄色。摄于北京百望山东坡。
下图：用新鲜的构树皮编织的"席子"。

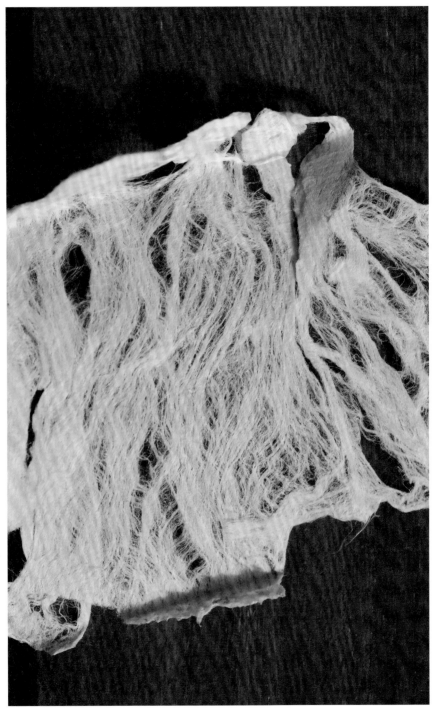

构树皮的纤维。秋季，一段拇指粗的新鲜构树细枝，去掉最外层暗色表皮，露出绿色。用开水略微煮一下，轻松剥下整个树皮。用锤子捶打树皮，清水冲一下。

上图：冬季构树的树皮。2002年冬季摄于北京百望山后山。　下图：构树的树皮。

构树的幼株与成株树皮花纹有所不同。幼株横向花纹清晰可见，树皮有点像蛇皮，而成株树皮暗灰色，有浅裂，以纵纹为主。构树木质松软，不容易开裂。我曾锯过一根树枝做拐棍（不影响生长），树皮可以轻松剥下（小时候住在长白山中，对这种活儿很熟悉，特别是从山核桃树的一年生幼枝上剥皮，用它可绑黄瓜藤、西红柿秧等）。构树皮刚剥下时，会泛出点点乳汁，白色的木棍迅速变黄。但是它并不像其他剥了皮的树棍会因脱水、应力变化而迅速开裂，它整体收缩却不开裂。待阴干后，构枝拐棍非常轻便。

构树的树皮，格外有特点，纤维很多，强度极大，哪怕是从小拇指粗细的树枝上撕下一小条树皮，一般也是无法用手拉断的。正是因为这一特性，构树皮可用来造纸。

构树皮造纸，历史悠久，现在仍然有土法工艺保存着。据广西民族学院研究生韦丹芳（现为贵州师范大学教授）查找，一共找到11篇研究广西纱纸（gauze paper）的文章，并且都出现在民国时期。1947年曾有一文《构树皮碱法制纸浆试验》，详细介绍了碱法制浆的程序和结果。韦丹芳对距离南宁150千米的大化自治县（红水河畔）贡川乡贡川村的纱纸制造业进行了人类学考察。全村有650户造纸，造纸业是村民生活的主要来源，而且也是当地"壮族文化传承的载体"。韦丹芳说："壮族悠久的历史和丰富的文化能代代沿袭、流传不衰，纱纸在其间的作用是巨大的。"（《贡川壮族传统纱纸工艺的人类学考察》）

新中国成立前，贡川附近有大量构树，当地农民以卖构树皮为重要副业，每年夏季砍下树枝，剥皮晒干出售。改革开放后，贡川造纸所需构树皮靠从广西平果、隆安、龙州、大新等地买进，但价格居高不下。纱纸制造工艺也很复杂，据韦丹芳调查，主要工序包括浸泡、蒸煮、洗涤、挑选、碾料、造槽水、捞纸、压榨、晒纸、揭纸、数纸、切纸等。用到的工具和设备主要有灶头、锅头、水池、碾料机械、纸槽和药槽、纸帘、纸帘架、刮纸刀等。

2003年，我到南宁参加少数民族科技史与科技人类学会议，听着韦丹芳报告壮族纱纸工艺，突然想起了在保定看到的《御题棉花图》，那是讲棉花的，与乾隆皇帝有关，也许以后有机会详细讨论。

如今，在北京大学校园，许多树木身上都挂着一张小牌，与植物园的做法类似，上书植物的俗名和学名，有科属信息，构树也不例外。比如办公楼向东有一小路，路旁的一株构树上就挂着一牌。这是生物系师生为人们做的好事，大大方便了想认识植物的朋友。不过，北京大学校园的构树越来越少，园林处可能没有把它当作该保护的树木。北京大学三教边、未名湖边、四院后院的构树，刚刚长到一米多高，都被当作无用的杂树砍掉了。

构树是坚韧的树，生命力颇强，像西双版纳傣家的"埋系里"（一种豆科植物，学名*Senna siamea*，原来写作*Cassia siamea*，所在的"属"有所调整，中文名铁刀木），砍了还长。

植物爱好者与园林部门有共同旨趣，也有矛盾。一方面感谢园林部门引进了一些植物，一些野生植物（如天南星科的半夏）也借机溜进北京大学，另一方面校园有关管理部门动不动就折腾草坪，每翻一次、更新一次草皮，许多物种就从北京大学消失了。

刺槐上"寄生"了构

　　植物寄生的现象在北方，特别是都市，并不常见。很幸运，在我们单位的门口就能目睹这一现象。

　　本来，我自以为很了解北京大学哲学系所在地四院里的每一种植物。2004年写《植物的故事》中"小院留芳：四院的植物"时，我仔细统计过，还画了多张植物分布图。在当时，严格属于四院弹丸之地的植物竟然有27科33种。书出版后，植物分类专家汪劲武告诉我其中的"络石"应当是卫矛科的"扶芳藤"，还有一种植物命名不够准确但仍然是同科同属的，这样算下来，也有26科33种。

　　以后，小院又栽过植物（比如杏、梅、石楠），也死过植物，这些我都瞧到了，心里有数。在眼皮底下，应当不会有什么逃过我的"监视"吧！

　　可是2008年秋季的某一天，我突然发现四院内墙角处高大的刺槐（*Robinia pseudoacacia*）树干上距地面约3米处有另外一种植物——构树，像人工"嫁接"上去似的。其枝长已经超过1.5米，约有4级分枝，枝叶繁茂，说明它至少长了两年多，种子当是在2006年夏秋之际"着床"的。前面提及，构树是我从东北到北京大学读书时认识的第一种新植物，它的叶很有特点，容易辨认。刺槐是豆科植物，构树是桑科植物，两者差得很远。虽然桑科植物中有一些存在寄生现象，但《北京植物志》和《中国植物志》没有提到构树寄生的事情。经查找，南京中山植物园中有类似现象发生：一株构树安家于一株柏树上并最终"杀死"了柏树。

"龙虎网"2007年的一篇报道还设想了可能的故事：一只白头翁衔着一枚"杨梅"（指构树红红的果实），飞到一根枝杈上，准备享受美食。"杨梅"并非想象中那么可口，不过色香味也还令鸟满意。构树的种子进入白头翁的肠胃中，并没有被消化掉，最终通过白头翁的"大解"碰巧掉进了柏树干上的一个小树洞里；又碰巧那里开始腐烂，有一点点营养。中山植物园的工作人员已确认，这棵构树长得很快，存活将近6年了。它悬在空中，从那洞口伸出的躯干有碗口粗细，枝叶完全覆盖了原来的柏树。专家说，这棵构树开始时只靠雨水冲刷树皮而来的养分和裂缝中腐烂的木质养分过活，后来则完全夺取了柏树的营养。柏树死亡后，构树的根系向下扎，已伸入泥土当中。

四院这株构树背后的故事应当也差不多，它长出的位置正是刺槐一根被锯掉的树枝基部。那里有腐烂迹象，但长出来的构树茎干几乎挤满了当初的树洞。当初是什么鸟"精心种植"的？这样的事件发生概率有多大？很难估计。

构树雌雄异株，自2008年秋天我在琢磨另一件事：此株构树性别如何？因为还没开花结果，无法确定。但愿下一年就能开花。

不出所料，等了半年，2009年4月中旬，叶片舒展开来，球形头状的雌花序已经长在枝头。现在可以确认是一株雌性的构树附生在刺槐上。我赶紧用新买的150~500毫米镜头把它记录下来。

它能活多久？最后会不会杀死刺槐？校园有关管理部门会不会哪一

天把它砍掉？都不知道。

　　还有一个问题没有找到答案：两个物种的木质部是否有融合？一年后，这株构树被大风刮断而死掉，已经无法进一步核实了。此事也只能暂时记在这里。

桑科构树"寄生"在豆科刺槐的树干上，好像人工嫁接的一般。"寄生"一词打了引号，暗示这件事还要进一步研究，也可能不是真正的寄生。

静园五院中文系的山楂

　　许多高校的中文系都"升级"为某某学院了，北京大学中文系纹丝不动，还叫着老名字"中国语言文学系"。它的前身是京师大学堂的"中国文学门"，成立于1910年。

　　北京大学中文系多年来依然在小小的静园五院办公，南侧是哲学系所在地四院（后来都被"燕京学堂"征用，中文系、哲学系、历史系先期迁往未名湖东北方向的"人文学苑"）。当年这里都是燕京大学的女生宿舍。五院门朝西，正对着静园草坪。静园6个院（燕大时只有4个院，另两个是后修建的）的外门都有矮墙相连。墙头长满卫矛科的扶芳藤，像是披了厚厚的绿毯。门两侧都是茎右旋（《中国植物志》却称它"左旋"）的紫藤（*Wisteria sinensis*）（我在四院的右手性紫藤上嫁接成活一株左手性的多花紫藤，于是在四院能见到两种手性的紫藤属植物）。南侧和北侧各一座二层小楼的西立面，爬满了本土植物——葡萄科的爬山虎，现在正式名为地锦（*Parthenocissus tricuspidata*）。

　　2008年4月16日，我在五院门口遇上刚面试完的李文靖，跟她借笔和纸，绘出五院树木分布图，并为院内树木一一拍照。草本植物多而杂，当时未及时辨识和记录。粗略统计五院仅正门与二层小楼围成的几百平方米区域内就有木本植物6科（葡萄科、卫矛科、豆科、蜡梅科、蔷薇科、松科）12种之多，其中蔷薇科植物种类最多。

　　五院特色木本植物有石楠、山楂、蜡梅和海棠，各有故事。这里只说说山楂。《北京植物志》在蔷薇科下只记录了山楂属的两个种和一个变种：甘肃山楂（*Crataegus kansuensis*）、山楂（*C. pinnatifida*）和山里红（*C. pinnatifida* var. *major*，也称红果、棠棣、大山楂）。甘肃山楂为野生，果和叶均很有特点。果小，表皮光滑，果肉松软；叶几乎无浅裂。这种山楂极少栽培也难见到。我在北京延庆松山和河北赤城冰山梁见过，其中有一株连续观察过三年。在北京，野生的山楂极多，果实大小和形状变化很大。山里红在北京各区县广为栽培。中国科学院北京香山植物园中还有毛山楂（*C. maximowiczii*），河北崇礼也有。

北京大学五院这株山楂颇特别，综合特征跟上述哪一种也无法完全对上。在春天和冬天，这株山楂树看起来没什么特别的，但是在夏天和秋天，它的特别之处就显现了。同一株树上不同枝竟然不同时开花，结出的果子也不一样！

全株植物叶形差别不大，花虽然开放时间差几天，但一般也看不出有什么特别的差异。结出的果子却明显不同，一种是稀疏、个头很大的普通大山楂（北京人称"山里红"），另一种很像在东北山上常见的山里红（北京人叫它"山楂"）的果子，果实密集。

东北人、北京人对两种山楂的不同叫法

拉丁名	东北人叫法	北京人叫法
Crataegus pinnatifida	山里红	山楂
C. pinnatifida var. *major*	山楂	山里红、红果

可以合理地猜测它为何结不同的果子：当初苗圃园工可能用一株同科同属不同种的野生山楂小苗作砧木，用山里红（ *C. pinnatifida* var. *major* ）作接穗，嫁接成活了一株新的树苗。这是园林部门的常规工作。然后有人将它栽到了北京大学五院，树木成活了。不过，也许由于园林工人的大意，没有及时把根部发出的新芽摘除干净，导致野生山楂砧木的新芽照样生长，它与嫁接成活的接穗物种共用一根，同根共生。外表看起来，它们只是同株树上的不同分枝，不会有人想到它们是不同的变种。

这种现象不算奇特，在果树嫁接过程中常出现。北京大学原生物系植物标本馆小园和承泽园能见到榆叶梅与毛樱桃共生的情况；燕园美食食堂东北侧路边能见到小蜡与紫丁香同株。不过，山楂和山里红顺利地在北京大学五院成长，并结出美丽、可食的果子，成为值得欣赏的一道博物学风景，确实值得庆幸。四院也有一株较大的山里红树，只能结一种果子。

余下的问题是，这种作砧木的野生山楂是哪个种？我查过一些资料，锁定为山楂（ *C. pinnatifida* ）野生种，但从叶片看又有点像准噶尔山楂（ *C. songorica* ）。前者产于东北、华北等，后者只产于新疆。考虑到植物地理分布，后者的可能性不大。好在它就长在校园里，园林工人也不太可能把它砍了，我们可以从容地观察它，科学地鉴定它。

2009年补记：2009年秋天不知不觉已到来，9月16日请北京大学生物系汪劲武老师专程到五院鉴定，汪老师仔细测量了两种果子的直径，与植物志一一核对。结论是：五院奇特的山楂树是由山楂和山里红两个种构成的，共用一根树干。

北京大学五院与山里红共用一根树干的野生种山楂。

木本菊科植物蚂蚱腿子

我在《人与自然》杂志已经陆续写了几期"身边的植物"，有人会生疑："什么'身边'的植物？在我身边怎么没有见到你所描述的植物？"问得好。植物有很强的地域性和垂直分带性，洋紫荆在我们北方的野外就见不到，温室里才勉强见到半死不活的几株。"报春花科的胭脂花虽然美丽，我怎么在身边从来没有见到？"的确，这种植物长在高山上，你从来不爬山，如何亲眼见到？

"如此说来，'身边'两字名不副实！"

其实，不能这样做严格"字面"上的理解。"身边"意味着与人"同在"，并且是它们的存在在先。高傲的人们，习惯以自我为中心。既然习惯了，也没必要一定要完全改过来。但是要适当留意我们不是孤立的存在，在我们的身边，有它们存在。纵然有的人一生也见不到洋紫荆或者胭脂花，但总不会见不到自己工作区、生活区的一枝花朵、一株小草、一片树叶吧。

我不是什么植物学家，甚至没有学过植物学。我与许多读者一样，只是喜欢植物而已。我在长白山的大山沟中长大，从小就与植物打交道。如今出差到了某地，也会不自觉地对那里的植物多看上几眼，拍摄几张照片。当然，我丝毫没有自负到以为只有这样的爱好才是好的。在这样一个多样性、多元化的社会中，如何生活、喜爱什么，属于个人私事。我只能说，看植物与看石头、看动物、看股票、看国际形势，彼此彼此，均是一种生活方式。

我所写的"身边的植物"，均是我个人在生活中偶然或者必然碰到并留心观察过的植物。它们不可能代表你也同样碰到过的植物。但是你我不同的集合中有交集，你也许关注过同一种植物，哪怕只是一瞬间。即使这种概率很小，也没关系。世上有几人没见过菊花，可又有多少人仔细观察过菊花，比较过不同的菊花？所以，首先问题不在于用"眼"去看，而是要用"心"去看；其次，"眼"看之时，亦不能熟视无睹，而要用"心"体会。

这就是博物学，大众博物学。它没有高高的学术门槛，但在这个匆忙的时代，仍然存在无形的门槛把许多人拦在了门外。

我们看植物，起初，所见杂沓不谐，抑或灿烂缤纷，然物以类聚，多看必有多识，分类定名便顺其自然，成为一种内在要求。就像对一个心仪的女孩，如果你动心了，怎么可能不想打听她的名字，怎么可能不想了解她的基本情况？对于平凡的植物、遍地都是的植物，这可能已属较高的、也许过分的要求了。可是，即便不论类别、不问芳名，仅是"随便"看看，也可算作博物学实践。

如果试着走稍"专业化"的道路，确切知道"她"的大名（学名，即拉丁名）、小名或乳名（地方名，即各种俗名），掌握一点技巧还是必要的。以我个人的经验，认识植物先要确定它所在的"科"。植物分类，有许多分类阶层或叫分类单元，如界、门、纲、目、科、属、种等，细分还有亚纲、亚科、亚种等，初学者不可能全搞清楚。其实这中间最关键的是要知道它属于哪一"科"。地球上的植物共有400多个科，北京的植物一共只有100多个科。

"科"（family）如家族，有大有小，小的仅1个"种"（species），如银杏，而多者达几万个"种"，如兰科和菊科。学英语者，可能注意到，英文词典中以"s"开头的单词最多，而且不是一般的多。法语、德语等，也都一样。不信的话，你可找来一部词典核对一下。至于为什么，我也不知道。在植物中，也有类似情况。银杏科植物仅1个属1个种，菊科却有1000多个属，23000多个种。菊科堪称被子植物的大科，仅兰科可与之比拼。我国约有1600多种菊科植物，仅北京就有200多种。

这200多种菊科植物有相当多共同的特点，否则不会分在同一个科中。究竟有什么特点？只要我们多观察随处可见的向日葵、蒲公英、翠菊、金鸡菊、大丽花、非洲菊、万寿菊、秋菊、茼蒿、金盏菊、大籽蒿、豚草、鸦葱、小红菊、毛连菜、蒙古马兰、三脉紫菀、山莴苣、尖裂假还阳参、长裂苦苣菜等，几乎人人都能总结出几条。我敢说，世上几乎所有人都不止一次见过菊科植物，甚至每周都能见到。

菊科植物的共同特点为：头状花序，一般由多朵小花组成，着生在膨大的花托上；花序外部围有总苞，总苞的苞片一层、两层或者多层，苞片草质或干膜质；花冠一般辐射对称（旋转对称），花序中央盘状，为管状花，花序边缘为边花，通常舌状或假舌状；一般为草本，并且雌雄同株。但生物类科学中，凡事总有例外。

这次我要介绍的一种菊科植物相当特别：①不属于草本，而是灌木。②雌雄异株。③为中国特有的植物，但它在北京并不稀有，山上几乎到处都有。

蚂蚱腿子的雌花（近摄图）花淡紫色，花柱末端2裂。

《北京植物志》列出的238种菊科植物中，只有一种植物符合以上特征，它就是其貌不扬的蚂蚱腿子（*Pertya dioica*），也叫万花木。《北京植物志》正文与后面的索引中的拉丁文拼写均有误，而且错得不一样，一次少了一个字母"n"，一次多了一个字母"o"，这部植物志早该修订重印了。中国种子植物特有属有240多个，蚂蚱腿子属算作其中之一，此属只有1个种。

查过一些资料，均没有记载此植物何以得名蚂蚱腿子。

北京的春天只是一瞬，气温骤升一般是在4月的第二个星期。今年（2004年）4月5日，我专程前往北京金山看此植物，由于今春干旱少雨，降雨量是往年的十分之一，加之气温变化无常，这次并没有看到盛开的蚂蚱腿子。不过，倒是有机会沿鹫峰至金山寺的拦腰山路仔细观察少量先开花的几株，但早晨天气阴沉，不适于拍摄。中途，我曾沿一个山沟直向西去，在沟谷里见到大量百合科的长梗韭和毛茛科的紫花耧斗菜。北乌头刚刚长出红棕色嫩叶，杠柳、地锦（爬山虎）等均没有长出叶。两侧山坡上偶尔长着几株山桃和山杏，正在开放，给干旱的山坡带来了一些生机。去年我来过此地两次，曾发现到处是蚂蚱腿子，今年如何不见了？我走出沟谷，艰难地挤进灌木丛中，浑身上下蹭满了枝头上的灰土，还是不见欲求的蚂蚱腿子。不留神，一脚踩空，打了个趔趄，身子躺在灌木枝条上下滑一两米。猛然抬头，原来已经身处蚂蚱腿子灌丛中了。只是这里没开一朵花，花苞也小小的，估计至少得一周后才能开放。因为花未开，我只能仔细观看枝条。突然间，我倒是明白了此植物何以取这样的名字了：老枝的上部每年都会枯死，侧面则长出新枝，新枝长大，与老枝相仿，再重复枯死、长新枝的模式。这样，不同年份的枝条相交处便出现了一个大钝角，呈弓形，颇像蚂蚱的大腿！真是意外收获！

下山时，我照例到金山寺喝饱了泉水，顺着妙峰古道缓缓而下，原指望顺路看看鸦葱和白头翁，不料那块荒地已被开垦，一株也没见到。但幸运的是，在路边巧逢一小片开淡紫色花的雌株蚂蚱腿子灌木丛。据我的经验，通常雄株远多于雌株。此时阳光已驱散了阴云和雾气，正是拍摄的好时候。

在北京，蚂蚱腿子分布很广，就我亲眼所见，海淀的金山和樱桃沟、延庆的松山、门头沟的北港沟、平谷的京东大峡谷，都大量存在。书上

北京海淀金山半山腰处的蚂蚱腿子（下部小灌木丛）刚刚含苞，时间是2004年4月5日，此时山下的蚂蚱腿子已经开花。图中各处开白花者为山桃和山杏，近处一株为山桃。蚂蚱腿子局部可形成优势，有利于保持水土。

2003年4月15日在北京金山拍摄到的蚂蚱腿子雄株。

上图：蚂蚱腿子花序解剖图，2004年5月3日摄于北京门头沟北港沟，海拔约1300米处。此花中共有7朵同型小花。图中绿色者为总苞，膜质；白色者为冠毛。

下图：不同年份枝条相交呈蚂蚱腿状，猜测中文名由此而来。

31

说，内蒙古、山西、河北、河南也有分布，湖北也有少量。一般长在阴坡山地。北京的朋友郊游时，极可能遇到过蚂蚱腿子，但能够注意到它的存在，或者叫出它的名字的，或者知道它属于菊科的人就少了许多。但愿，读过本文，相当多的人能够认出它来。毕竟它有类型意义，就类型而言，认识100种其他菊科植物，也不如认识此一种菊科植物。

蚂蚱腿子株高50~80厘米，叶互生，宽披针形，全缘。在北京一般是4月初到4月中旬开花，5月结果。头状花序生于叶腋，无梗，同型小花4~9朵生在一起，呈盘状。花先叶开放。总苞片5~8片，绿色，膜质，先端锐尖，密被绢毛。

雌雄异株，雌花结实，两性花（雄花）不结实。小花的花冠管状，二唇形。外唇舌状，先端3~4裂，内唇较小，全缘或2深裂。雌花的花冠淡紫色，长约1厘米，两性花的花冠白色。瘦果，长约5毫米。冠毛白色，像小毛刷一样。

对蚂蚱腿子，我已经注意它几个年头。相关照片也积累了一些。这种植物很难拍摄，原因是花比较小，非"微距"不足以表现。我曾用三种数码相机——奥林巴斯、富士S602Z和索尼F828拍摄过，应当说用富士S602Z的微距最方便。一是可以与对象靠得很近，二是自动对焦便捷。用后来的尼康单反加105毫米微距，自然没问题。

蚂蚱腿子花谢之时，菊科另一种美丽而著名的花——（祁州）漏芦（*Rhaponticum uniflorum*）正好开放。同样，只有上山，它才出现在我们"身边"，在城里或平地，是无法饱眼福的。这种花也极有特点：花头大，花莛单一（如其种加词所示），在华北分布极广。

杏花：蕊珠宫女

杏乃蔷薇科植物，在文艺作品中柔弱而美丽的杏花多与美女有关，但也时常暗示着负面信息。

我们容易想起"一枝红杏出墙来""日暮墙头试回首""杏花墙外一枝横""风流全似梅花"等。《红楼梦》里探春对应杏花，身份倒是不赖："相国栽培物，仙人种植花。"探春最后远走高飞，传说中还成为王妃。比起袭人所对应的桃花，杏花的象征意义要算好的。

中国古代写杏花的诗词不计其数，王涯、王安石、杨万里、王庭筠、元好问、叶绍翁都写过。与大哲学家朱熹（1130—1200）有关的女词人严蕊也写过杏花，不过那只是借用，主角是桃花："道是梨花不是，道是杏花不是。白白与红红，别是东风情味。曾记，曾记，人在武陵微醉。"不要小瞧这小女子，毛泽东的咏梅词虽然自云"读陆游咏梅词，反其意而用之"，也有模仿严蕊《卜算子》的痕迹。不信？请看严词："去也终须去，住也如何住！若得山花插满头，莫问奴归处。"毛泽东词："俏也不争春，只把春来报。待到山花烂漫时，她在丛中笑。"

写杏花，要论简洁，还属王涯（约764—835）的《春游曲》："万树江边杏，新开一夜风。满园深浅色，照在绿波中。"

有个叫王禹偁（954—1001）的，一口气写了7首杏花诗，也不乏佳句，如"红芳紫萼怯春寒，蓓蕾粘枝密作团""春来自得风流伴，榆荚休抛买笑钱""桃红李白莫争春，素态妖姿两未匀。日暮墙头试回首，不施朱粉是东邻"。其中,"风流伴"和"东邻"都指杏花。

不过,个人以为描写杏花的句子,仍数宋徽宗赵佶(1082—1135)的形象、逼真、有质感:"裁剪冰绡,轻叠数重,淡著胭脂匀注。新样靓妆,艳溢香融,羞杀蕊珠宫女。易得凋零,更多少、无情风雨。愁苦,问院落凄凉,几番春暮?"宋朝皇帝被俘北上,见到杏花有感而发。他看得仔细、想得深远。赵佶的书法、绘画都是一绝,所谓"瘦金体"就是他首创的。他是个才子、艺术家,可惜当了个"朕",一个不走运的皇帝!传说,靖康之变时,他得知宫廷财宝被洗劫一空,毫不在乎,但听到皇家书画也被掠走,便仰天长叹。

北京郊外几乎到处有野生的山杏(*Prunus sibirica*),也叫西伯利亚杏。其中门头沟的北港沟、海淀区的金山和延庆县(2015年改为延庆区)的西大庄科至阎家坪一带非常多。山杏果肉味道很一般,但杏仁不错,小而圆满。北京农村多用杏仁做咸菜,油炸着吃也相当不错,实际上直接炒食也行。我曾采了一些种子,种在地里,当年长到一米高。第二年春天,我把它们用作砧木,在上面嫁接上了杏梅(梅的一种),长得非常好。现在我有3棵大树、5棵小树。其中大树已经开花两年,花洁白,重瓣,相当漂亮,2009年结了5个梅子,很酸。估计明年能结许多。

在我老家东北,山上还长有一种东北杏(*Prunus mandshurica*)。其特点是果实小而圆,植株可以长得更高大些。

山杏不只打扮春天。对于自然爱好者,"秋来也得风流伴"。

在北京、河北的秋天,山杏的叶子或黄或红,遍披山坡,非常好看。提到红叶,人们通常想到漆树科黄栌属植物(比如北京香山的一种红叶），或者无患子科槭属的一些植物。其实最多的还是山杏，山杏的红及其面积不亚于黄栌属植物。正是山杏，绘就了秋季北京大部分山坡最灿烂的景色。北京另外一些红叶分别来自柿、槭属植物、火炬树、悬钩子、蒙古栎、野葡萄等。

如何辨识山杏呢？对于华北的朋友，在野外如果能将它与山桃准确区分开来，问题基本上就解决了。山杏与山桃确有些相似，常长在一起，花期也相近，但不同点也非常明显。我敢说，没有学过植物学的农村人，大都可以迅速而准确区分两者，而学过植物学的人却未必！当然，我不是在暗示书本知识没用，而是想表明，书本上的知识如果没有再次转化成波兰尼所说的"个人知识"，其实是没用的。对于博物学来说，"个人知识"尤其重要。要想转化成"个人知识"，就必须进行名实对照，结合书本知识在大自然中仔细观察实物。学生野外实习，就是为了练就个人知识。

区分山杏与山桃的特征其实有许多个，如果明确写出来，容易表述并且好掌握的要点在于：①山桃树皮更光滑并有光泽，多横纹少纵纹。②山桃的花期早于山杏几天到一周左右。③山桃叶更窄而长一些。④两者果核完全不同。山桃核似桃核，表面有大脑凹沟，而山杏核似李核，表面无凹沟。真正的行家，在一年四季中任何时候哪怕只见到一小部分植物体，就能准确判断是山杏或是山桃。谁能成为这样的行家？似乎人人都可以！

山杏和东北杏对土质不大挑剔，生命力强，可用于荒山绿化、公园美化。最佳办法是直接埋入种子而非栽苗，移植大树更不可取。

山杏正在打开的花苞，摄于北京金山。

上图：北京大学哲学系四院的一株山桃。树干多年被虫子蛀蚀，此株于2009年春开完花不久就死掉了。不过，我已留下了它的后代，以前我就保留了数百粒它的种子。我用其种子培育的幼苗已长到一米高，明年春天就可以植在其老家。

下图：北京樱桃沟中的山桃。

京华花事晚来急

　　与南方秀美的自然环境相比，北京的山川缺少许多东西，但是归根结底，北京其实最缺水。有了丰足的水，北京的面貌会完全不同。水分充足，就可以抑制漫天飞舞的黄沙。

　　只要黄沙不过分捣乱，北京的春天依然充满了诱惑。据我观察，在北京，春花的开放顺序为迎春花、玉兰、早开堇菜、点地梅、荠菜、葶苈、郁香忍冬、连翘、白碧桃、诸葛菜、紫玉兰、蒲公英、榆叶梅、贴梗海棠、香茶藨子、白花重瓣麦李等。

　　通常一过五一国际劳动节，北京的春天就结束了。

　　本来3月底就可以到北京植物园樱桃沟看梅花，可2010年春季天气持续较冷，物候相应地推迟了近一个月。北方只是在近些年才时兴植梅，这里新建了"永平梅园"，由国民党前主席连战题字。品种不算多，但辽梅山杏、美人梅、丰后梅颇多。此行可顺便看到山桃、毛樱桃、玉兰、大百合（新植入的，非北京本土物种）、紫花地丁等。

　　4月，北京玉渊潭公园的大片樱花开放时，每年都应当实地观赏一番。最简便的方式是乘公共汽车在西三环中央电视台发射塔的对面马路下车，进公园的西门。走几步路就能观赏到美丽的樱花。4月中旬，早樱已经落了，而"染井吉野"、"御帝吉野"、垂枝樱等樱花仍然会长期绽放。另外，到北京朝阳公园、北京大学和清华大学也可以看到樱花。这些樱花基本上是从日本引进的。中国的樱属植物极为丰富，从东北到云南，有多种

上图：北京樱桃沟"永平梅园"中的"花蝴蝶"梅花，蔷薇科栽培植物。

下图：北京玉渊潭公园中的日本樱花"染井吉野"，蔷薇科植物。

多样美丽的樱属植物，园林部门却没有从中培育出像样的园艺品种。

赏完樱花，接下来，可以赶赴北京西北方向的鹫峰，观赏千亩杏花。从颐和园驾车沿运河北上，在运河与双清北路交会处西转上山，新修整的鹫峰公园已在等候大家踏春。自驾车可以进大门并开到半山腰。沿半山腰小路向右侧走，有一条路线，不用费力就可欣赏到许多正在开花的植物，如开红花的榆叶梅、开黄花的连翘。别忘记向地面上看，地面上有紫色的紫花地丁和斑叶堇菜。前者常见，小路边上很多，后者相对少些。后者的特征是叶面有斑纹，背面常带紫色。

山桃花开过，山杏接着开放，梨花含苞待放。由鹫峰公园沿山路向北行进大约两千米，向东北望去，山下有数千亩杏林绽放出雪白的花朵，场面很壮观。始于鹫峰的这一路线一直通到金山寺，与阳台山风景点相接。如果是4月底行走，沿途可看到大量的毛樱桃、北京唯一的菊科木本植物蚂蚱腿子，以及大量的药用植物半夏和虎掌（掌叶半夏）。注意这两种天南星科的植物均有毒。

到了金山寺，有两种选择，下山返回，或沿妙峰古道上山，翻过山梁可到门头沟的妙峰山，在山顶的西南坡还可观赏到大片种植的玫瑰花。注意，这可是真正的玫瑰，而不是月季。通常我们说的玫瑰，如花店里的玫瑰，其实都是月季。如果你稍加注意，在山顶还能看到白头翁、玉竹、紫苞鸢尾、猫儿菊、桔梗、漏芦、欧李等植物。提示：欧李（*Prunus humilis*）并非欧洲原产的植物，它是中国本土物种，主要分布于东北、华北，近些年被开发成一种水果，在北京、河北一带有栽种，也称"钙果"。

上图：鹫峰的斑叶堇菜，堇菜科植物。 下图：漏芦，菊科。

上图：半夏，天南星科。

下图：玫瑰，蔷薇科。这是真正的玫瑰，而通常说的玫瑰实际是月季。

鹫峰的山杏，蔷薇科。

在北京，4月上中旬登高山，对于普通百姓而言，看植物不会有太大收获（专业植物爱好者除外），因为大部分植物还没长出芽，所以不要急着上高山。但是，在下旬，植物会突然间绿遍山野。这时候，一定要抓住机会，及时上山，赶上大自然的"切换"过程。五一国际劳动节前后，是春游观赏各种植物的理想"窗口"（从卫星发射那儿借过来的概念）。

这时我推荐如下几条路线：

（1）北京市门头沟区担礼隧道（此地花开得较早，最早为3月下旬）、房山区G108在上石堡村向南至杏黄村、房山区X017旁四渡到六渡之间的石壁（5月上旬和中旬），可以看到著名的毛茛科植物槭叶铁线莲，北京人称它"崖花"（其中"崖"读作"ái"，岩壁的意思）。注意只可观看、拍摄，不要采挖。有的年份，可以看到花与雪在一起。

（2）北京门头沟区北港沟。可见新修复的小庙，可看到紫葳科的楸树、豆科的金雀儿、桔梗科的石沙参、豆科的野葛、罂粟科的开淡蓝色花的小药八旦子、开黄花的白屈菜等。登到山上的一个台地，还能看到大片的蕨菜及照山白（一种开白花的杜鹃花科植物）。这个地方吃住都很方便，登山也非常理想，需要一天时间。

（3）北京市怀柔区喇叭沟门。可见到成片的迎红杜鹃——一种杜鹃花科植物。需要至少一天时间，最好是两天。也可以到延庆的松山和海陀山，以及河北保定的白石山看迎红杜鹃。

（4）北京市昌平区南口虎峪沟。可见到杠柳、罗布麻、蒙桑、独根草、北马兜铃等。需要至少半天时间。其中独根草长在峭壁上，开花非常早，先花后叶。

槭叶铁线莲，毛茛科。

上图：楸树，紫葳科。　下图：白屈菜，罂粟科。折断后流出的黄汁儿甚苦。

（5）北京市昌平区十三陵镇东水峪村观看毛茛科白头翁。最好在4月6—15日。

如果不想走得太远，那么在4月底5月初到中国科学院香山植物园和北京植物园（2022年合并，更名为国家植物园）看牡丹，也是不错的选择。城里人此时到中山公园赏牡丹、郁金香也很好。

迎红杜鹃，杜鹃花科。

上图：独根草，虎耳草科。　下图：白头翁，毛茛科。

北京市花可选诸葛菜

目前，北京市的市花有两种：月季和菊花。不能说不好，但没什么特色。以月季为市花的城市太多。据不完全统计，大连、天津、三门峡、威海、常州、泰州、宿迁、淮南、芜湖、蚌埠、阜阳、郑州、焦作、商丘、平顶山、南昌、吉安、鹰潭、宜昌、衡阳、邵阳、西昌、德阳等20多个城市，均以月季为市花。以菊花为市花的，也至少有6个城市。

北京再没什么好花可选吗？我觉得不是，这种评选也印证了当代中国"模仿秀"文化的盛行。究竟谁抄袭了谁？这事不像论文抄袭那样容易认定，但总体而言，投票者缺乏创造力、缺乏发现地方植物之美的能力，大约是事实。这一切的背后，是观念问题。老旧的观念是"人工栽培的比自然生长的好""外来的比本地的好""别人家的东西更好"，其实这些观念都得改变。

我推测这类评选背后可能隐含了一些原则，比如：①市花似乎应当是某种有着悠久栽培历史的花卉。②尽可能选择木本植物，菊花、水仙、兰花、芍药、荷花除外。③市花要体面，拿得出手。④在本地区分布较广。除后两条外，前两条似乎都可以直接反驳。野花为何不可以入选？格尔木市选择柽柳，就很不错。青海省省花选择绿绒蒿、宁夏回族自治区选枸杞为区花，都相当合理。能够精确反映本地区的植被、物产、审美和一般文化特点的植物，都可以考虑。是否"体面"？涉及审美判断和文化诠释，说起来有相当的回旋余地。

月季与菊花，在北京均没有野生种分布。最近一段时间，市内栽种月季才多起来，而菊花相对较少。选择这两者为北京的市花，可能"形象"较好，却无法反映北京本土的地域、气候、植被特点。

据我多年观察，可推荐十字花科的诸葛菜、堇菜科的早开堇菜为北京市花，这两种植物广泛分布于北京各区县，无须人工帮助，它们每年春天都可以大片地开出灿烂的淡紫色小花。次优选则是野生的单瓣榆叶梅、毛樱桃、锦带花，这三种木本植物在北京野外分布也很广，花密实而美丽。前两者为蔷薇科，后者为忍冬科。综合起来看，草本植物诸葛菜特点更突出一些，应为首选。当然，也可以选择北京的明星物种槭叶铁线莲。

诸葛菜（*Orychophragmus violaceus*），也称二月兰。北京同时还有一个它的变种缺刻诸葛菜（*O. violaceus* var. *intermedium*）。不过，据我多年观察，两者呈连续平滑过渡，不如合二为一更方便些。诸葛菜一年生或二年生，种子众多，极易繁殖，并且耐贫瘠土壤。北京春天干燥，易起风沙，而诸葛菜在春季早早出芽，基生叶宽大，能及时覆盖住裸露的黄土，有利于抑制尘土。诸葛菜还是一种美味野菜，用热水焯后，可煮汤、炒、作馅，吃起来相当不错，不输给菠菜、小白菜、油菜。现在城市绿化已开始使用诸葛菜。早晚有一天，它会像蒲公英一样走进超市和餐厅。采食诸葛菜，不要连根拔，最好掐尖，连花带叶均可食，留下的根和植物基部，可迅速发出新芽，不久还可采第二茬、第三茬。

有人会有疑问，堂堂首都北京选择诸葛菜为市花，是不是太没有品位？非也。德国人选矢车菊为国花，不是也很正常吗？欣赏不了诸葛菜的美丽，才是没品位。季羡林先生当年（大约在1995年）亲自跟我说起，他非常喜欢诸葛菜，他还提到闻一多先生也是如此。北京大学吴国盛教授（现为清华大学教授）面对承泽园一片美丽的诸葛菜，也赞美过这种"皮实"的植物，认为应当大力推广。

顺便一提，北京的市树为侧柏和国槐，我觉得也不够地道，这两种植物也太一般，与其如此，还不如选择本土的青檀、山桃、胡桃楸、酸枣、春榆。

诸葛菜花部特写。

北京大学校园内校景亭西侧的玉兰。诸葛菜开花时，玉兰、早开堇菜、紫叶李、榆叶梅也在开放。

松山溪畔早春植物

2010年4月25日，阴转小雨。趁着树叶没有长出，林地无遮挡，今晨驾车想到北京延庆松山、西大庄科、闫家坪看阔叶林下的地被植物。今年节气晚20多天，估计现在正是好时候。

在西大庄科停车，到附近山坡一瞧，地表虽然湿润，但地被植物基本上还没冒出来。沟谷阴冷，空中灰蒙蒙的，看样子没必要继续上山了。

不甘心就这样回家，在到松山国家级自然保护区的岔路之前，决定到路边的小溪旁看看。

溪畔果然有些绿意，旱柳、胡桃楸下，最大的"绿块"是毛茛科的北乌头（*Aconitum kusnezoffii*），也叫草乌、五毒根，一种致命的毒草！这种植物在北京周边常见，它在早春就发出红红的小芽，最终能长到110厘米，甚至更高，然后开出炫目的紫蓝花，结出一捧一捧的蓇葖果。此时它有10厘米高，叶柄和叶的背面呈鲜艳的紫红色。它的锥形块根含有多种生物碱，只需一点点就能致人死命。后来发现其茎叶也有毒。在北京地区，这种美丽的植物是毒性最大的，要特别注意，不要误食。它比较容易与菊科的可食野菜蒌蒿混淆，两者通常喜欢生长于溪水边，因此容易误采。区分它们的幼苗有一个特别简明的办法：蒌蒿的叶不会是紫红色。拿不准的时候，拔出根来瞧一下，若根细弱横走则为蒌蒿，若根直立圆锥形则为北乌头。当然，谁也不会笨到每次都要拔出根来才能分清的地步。

常用中药"附子"就是由同属植物乌头（*A. carmichaeli*）的锥形根炮制而成的。附子中含有乌头碱、中乌头碱、次乌头碱、异飞燕草碱、新乌宁碱等有毒物质。但附子、人参、大黄和熟地是治病保命的常用药。根据张仲景《伤寒论》制成的"附子理中丸"主要成分为附子、党参、白术、干姜、甘草。历代名医对附子的使用都很讲究，要针对不同的患者，使用不同的剂量，附子入药需长时间煎煮以减小毒性，通常需要一到两小时。俗话讲，是药三分毒，附子有毒还要吃，是治病的需要。也许正因为有毒，以毒攻毒，才达到了奇妙的治病救人的效果。对于中药，不可简单地以还原论意义上的成分分析为唯一标准来判断是否有毒，是否可用。

溪水边同科的另一种植物紫花耧斗菜（*Aquilegia viridiflora* var. *atropurpurea*），已长出花苞，呈淡紫色。多年前我就发现它是一种值得驯化的野花，曾在两处试种过，非常成功。它为多年生植物，栽一次以后，每年都可以赏花！其根肉质粗壮，移栽极易成活。其果实为美丽的五角形蓇葖果，用种子繁殖也非常方便。

溪畔还有菊科的牛蒡幼苗和前一年留下的球形总苞，幼苗只长出5片叶，叶背面有灰白色茸毛。这种植物现在已经作为蔬菜栽培，主要食用其根。同科的三脉紫菀（*Aster ageratoides*）也长出5厘米高的小苗，秋季它在林缘能开出夺目的累累花朵。早春时节，其嫩苗是一种野菜。

与牛蒡类似，还见有去年留下的忍冬科（原川续断科）的日本续断（*Dipsacus japonicus*）的头状花序，刺芒状总苞片清晰可见。理论上，这一带还有同科的华北蓝盆花，不过，此时这两种植物均未长出来。

迈步到小河对岸，又见石竹科的鹅肠菜（*Myosoton aquaticum*）、金丝桃科（原藤黄科）的黄海棠（*Hypericum ascyron*）、罂粟科的白屈菜（*Chelidonium majus*）、蓼科的巴天酸模（*Rumex patientia*）、荨麻科的宽叶荨麻（*Urtica laetevirens*）、茜草科的拉拉藤（*Galium spurium*，也称猪殃殃）、蔷薇科的路边青（*Geum aleppicum*，也称水杨梅）和龙芽草（*Agrimonia pilosa*）。就叶形而言，路边青和龙芽草易混淆，而且两者常同时出现，但从花来看，极易区分二者。路边青花单生、花较大，而龙芽草花序总状花、花较小。此时两种植物只长出基生叶。一块大石头后面是一片百合科的黄精（*Polygonatum sibiricum*），不同于通常见到的叶轮生的植株，因为它们只有一岁，叶片宽大，仅一片。搬开大石头，立即露出小指头大小的圆柱形根状茎。凤仙花科的水金凤（*Impatiens noli-tangere*）刚长出两片圆圆的子叶。伏在厚厚的落叶上，有几缕"绿丝"，这就是百合科的长梗韭（*Allium neriniflorum*）。无须挖出其鳞茎或等待其开花，仅仅根据其基生叶的特点、生长环境，远距离一眼就可以认出来。约十年前，我从北京阳台山一条沟中取苗，在花盆中试栽过长梗韭，一直等它开了花，对照植物志才准确辨认出来。

蕨类植物找到两种：木贼科的问荆（*Equisetum arvense*）和水龙骨科的有柄石韦（*Pyrrosia petiolosa*）。后者包围在石头上，最低处距水面只有几厘米。

沿小溪下行50米，遇到足有100米见方的百合科萱草属植物，究竟是黄花菜、北黄花菜、北萱草中的哪一种，需要等到开花时才能知道。此植物幼苗茁壮地生长着，一侧临水，一侧盖在巨大的石块上。沿石块边缘可轻松掀起由松软的腐殖土和交错的横走根状茎构成的"软垫"，楔形的土层下部显现出肉质肥大的纺锤状膨大的根。

向溪水中看，随着水流舞动的是北京水毛茛（*Batrachium pekinense*），非常好看，但因水面反光，很难拍出好照片。若将植物从水中取出拍摄，场景变了，味道全无。此植物模式标本采于北京，最早发现于北京昌平南口至居庸关间的小河中。其次，较容易认出的是伞形科的水芹（*Oenanthe javanica*）。水面平静处，有成片的车前科（原玄参科）北水苦荬、莎草科的溪水薹草（*Carex forficula*）。

值得一提的是罂粟科的蛇果黄堇（*Corydalis ophiocarpa*），在松山的这条溪水边常见。植株可长到1米左右，茎有棱，多分枝；花黄色；蒴果线形，念珠状。此时刚长出巴掌大的二回羽状复叶，灰白色，主根肉质。

紫花耧斗菜，毛茛科。

左图：北乌头的幼苗。

右上图：三脉紫菀，菊科。　右中图：拉拉藤，茜草科。　右下图：黄精，百合科。

57

上图：牛蒡的球状总苞，菊科。　下图：日本续断的头状花序，忍冬科。

上图：路边青，蔷薇科。　下图：龙芽草，蔷薇科。

上图：有柄石韦，水龙骨科。　下图：北水苦荬，车前科。

上图：北京水毛茛，毛茛科。　下图：蛇果黄堇，罂粟科。

北京门头沟灵山

　　灵山也称东灵山，在北京以西约120千米，地处门头沟区西北部，西与河北省怀来县交界。从北京城驱车到灵山，由于限速，需要两个半小时以上。灵山古称矾山，怀来县古称矾山县，便是以此山得名。灵山是北京市境内最高山，也称北京市的"珠穆朗玛峰"。有材料称"顶巅有古长城遗址，石砌城墙、烽火台依稀可辨"。不过，我们2003年观察，并未见到长城，峰顶倒是有一个类似"敖包"的大石堆，及刻着"灵山主峰海拔2303米"字样的石碑。

北京门头沟灵山上的胭脂花，报春花科。

灵山的海拔不算很高，也不算很低。著名的西岳华山主峰海拔也不过2154.9米，北岳恒山2016.1米，东岳泰山1524米，中岳嵩山1491.7米，南岳衡山1300.2米。因此五岳都比北京这灵山矮不少。与东北名山长白山相比，灵山也不逊色。长白山最高峰——将军峰海拔2749米，天池水面海拔2194米。站在灵山顶上就相当于站在天池北坡邓小平题字"长白山天池"碑的地方（观光点之一，前有主峰，下有湖水）。

当然，不能与西南地区的山脉相比，那里随便一座山，海拔都相当高。四川的四姑娘山（邛崃山的主峰）海拔6250米，三姑娘山海拔5664米，二姑娘山海拔5456米，大姑娘山海拔5355米。云南丽江玉龙雪山主峰扇子陡海拔5596米。四川贡嘎山海拔则有7556米。

北京灵山的名气，不用说与五岳相比了，相当多北京人也不知道，只是在这几年，游客才多起来。

有人到灵山，觉得乘车缓缓行进在盘山路上，凭窗近距离观看周围的风景，还算享受，登山则索然无味。4月底至5月初去灵山，沿途几乎可以"面对面"地欣赏到迎红杜鹃、山桃无拘无束地绽放，用网上的话叫颇"养眼"，于身心当然是不错的享受。不过，灵山的妙处不在这些，在高山草甸。

灵山的高山草甸自然赶不上故乡长白山南坡那又壮丽又柔美的草甸，但在北京这喧闹的都市周边，它也显得相当珍贵了。灵山以边缘的姿态表征着现代化社会的对立面：宁静、高冷、自然。

灵山的高度，决定了这里有特别的气候、生态系统，高山草甸上生物多样、奇花纷呈。有些植物，只适合生长在这样的环境中，到了灵山，当然要看这里特有的东西：北京高山植物。登灵山，需防止太阳灼伤。这里风大、凉爽，夏季也不会觉得热，但紫外线颇强，灼伤往往在不知不觉中发生。如果不注意，一两个小时就能掉一层皮，不过那是在几天之后！

灵山1300米以上基本上是高山草甸，偶有岳桦林和其他小灌木。下面分9个科简要介绍2003年6月24日所见的一些高山植物。这里给出拉丁名，相当于提供了关键词，便于读者上网查找进一步的相关信息。在互联网如此发达的年代，只需在搜索框中键入拉丁名即可。

·忍冬科（原败酱科）的缬草（*Valeriana officinalis*）。叶对生，羽状深裂。茎中空，有纵棱。花冠粉红色，5裂。在北京，同类植物不多，一共4种。它是缬草属，其他3种都是败酱属，叶与花均不同，容易分辨。下页图中，这株缬草上，还有一只蜜蜂。图中左侧有旋花科的金灯藤，以右旋的方式缠绕在毛茛科的北乌头上。

·唇形科的白苞筋骨草（*Ajuga lupulina*），也叫甜格宿宿草，藏药名"森蒂"。茎四棱，叶阔密生，有白色长柔毛，嫩叶发黄，边缘微红。植株呈方塔形。如果说缬草在普通的小山坡还能见到的话，白苞筋骨草只有在海拔高的地方才能见到。《植物杂志》1998年第1期封面刊出了郎楷永拍摄的一张漂亮的白苞筋骨草的照片，但没有交代摄自何方，估计是在我国西南地区。那也是我第一次在纸面上见到这种植物，此次则是我第一次在野外见到实物。此次同行的科技哲学专业师生，倒没觉得这植物有什么特别之处。（顺便一提，《植物杂志》从2004年第2期起改名为《生命世界》，想办成综合性科普期刊，有点可惜。看似内容扩展了，实际上一本有特色的杂志变成了一本可有可无的大路货。）

上图：缬草，忍冬科。　下图：白苞筋骨草，唇形科。植株呈方塔形。

·十字花科的糖芥（*Erysimum amurense*）。本属植物在北京有3种，唯独此种花大，色深。花橘黄色，花瓣4。十字花科植物花十分明显，顾名思义，花有4个瓣，排列成十字，白菜、萝卜、诸葛菜无一例外。

·花荵科的中华花荵（*Polemonium chinense*），荵（rěn），此字不常见（《现代汉语词典》未收此字），古时称"隐荵"，源于《尔雅》。中华花荵聚伞状圆锥花序，花蓝色，开放前呈白色，5个瓣。这种蓝很纯正，像桔梗花的蓝。奇数羽状复叶互生。茎直立，有纵棱。生长于草甸边缘或者林下。以前只在门头沟区的北港沟清水尖下的平台处（抗战时为著名战场）见过，但那时是4月中旬，没有见到花。

这个科的植物在我国分布不多，一共才3属6种，其中4种为栽培种。在北京，一共3种，野生的只有中华花荵这一种。栽培种天蓝绣球（福禄考，原产于北美）在东北、华北的城市公园均十分常见。

由于这个科的植物很少，认识了野生的这种，就可以自豪地说："本地分布的这个科的所有植物我都认识。"不过，前提可得说清楚，千万别让人误以为是菊科、禾本科之类，因为这两个科的植物非常多且不容易区分。

·紫草科的长筒滨紫草（*Mertensia davurica*）。多年生草本，花序顶生，半倒垂。花萼5裂。花冠蓝紫色，长筒形1.5~2.5厘米，末端5裂。花冠分两段，两段接合部位颜色浅白。生长于灵山海拔2300米左右的山地草甸，相貌突出，一眼便能认出。紫草科植物的花一般较小，长筒滨紫草是例外。城市花坛如果能够引种，当令人刮目相看，只是不知道它能否过得惯城市的"舒适"生活。北京的紫草科植物中，好看的还有紫筒

大图：糖芥，十字花科。

小图：中华花荵，花荵科。茎有纵棱，奇数羽状复叶。以前误鉴定为花荵。

草、细叶砂引草、勿忘草。

·报春花科的胭脂花（*Primula maximowiczii*），也叫段报春。见于海拔2100米左右林缘或草甸中。它也许是6月中下旬灵山最鲜艳、最风光的植物。粗壮的花莛高达20~50厘米，街灯一般的小花十几朵簇拥在同一平面上，分段呈轮状高悬于"灯柱"（花莛）上，可谓艺冠群芳。花萼钟状，裂片为三角形。花冠暗红、鲜红色，花冠筒约1.5厘米长，反折。花市有各种报春花，但与此相比，实是小巫见大巫。我在自己园子中曾试栽过此植物，下一年春季也还顺利，长出茁壮的基生叶，但是夏季不耐热，花长得不好，接下去便死掉了。

·报春花科的河北假报春（*Cortusa matthioli* subsp. *pekinensis*），又

长筒滨紫草，紫草科。生长于灵山海拔2300米左右。

名北京假报春、京报春、假报春。生长于海拔1600~2000米处。叶被绵毛，边缘9~13浅裂。花葶柔弱细长，伞形花序，有花5~10朵。花萼钟状，5深裂，花冠紫红色，钟状或者喇叭状。花柱细长，伸出花冠之外。

·豆科的鬼箭锦鸡儿（*Caragana jubata*），也叫鬼见愁，锦鸡儿属植物。由名字可知，这是个狠角儿，一种非常厉害的植物，密生长长的硬刺。植株不高，20~150厘米，生长于海拔1800~2000米处。托叶和宿存的叶轴硬化为坚刺，起很好的保护作用，人畜均不敢接近。偶数羽状复叶，小叶4~6对。花白色，旗瓣宽大，基部有淡紫色条纹。

·毛茛科的金莲花（*Trollius chinensis*）。与鬼箭锦鸡儿及胭脂花生在一起。实话说，远不如吉林长白山西坡成片的金莲花，也不如河北沽源五花草甸的。但在北京，它也算有特色了。金莲花为多年生直立草本，叶似北乌头，3~5全裂。苞片3裂，萼片10~15，金黄色。花瓣18~21，金黄色，长约2厘米。未开放的花苞呈淡黄绿色，边缘浅褐色，像花毛茛或者卷心菜，只是小了许多。盛开的金莲花，有点像一种芍药的花，颜色却是独特的。很多地方出售金莲花的干花，用来泡水，据称能治嗓子痛，还有其他种种神奇功能。我试过，喝了之后，反而觉得嗓子更加不舒服！当然，我一个人的经验不算啥，它是否有效，需要更全面的检验。

·毛茛科的银莲花（*Anemone cathayensis*），也叫华北银莲花。"有金就有银"，但金莲花与银莲花同科不同属。与金莲花相比，银莲花花葶细弱，一个花葶上有多朵（2~5朵）花，金莲花则通常单生。另外两者花的颜色差别极大：一金一银。基生叶片圆肾形，3全裂。花聚伞状，萼片5~6。

·毛茛科的长瓣铁线莲（*Clematis macropetala*），也叫大瓣铁线莲。生长于海拔1300~1500米林间或草甸。2回3出复叶。花单生，具长梗。花萼钟状，蓝色、淡紫色。在野生种中，它是北京铁线莲属中最好看的一种，其次是槭叶铁线莲。

·罂粟科的野罂粟（*Papaver nudicaule*），又名山大烟、山罂粟。生长在高山的山坡草地上、乱石间。全国多地有分布，除灵山外，我曾在吉林松花湖、长白山天池、延庆海陀山、河北崇礼见过。全株具有罂粟属植物（如虞美人、东方罂粟）的共同特点。全株被粗毛。花单独顶生。萼片2，开花后脱落。花瓣4，橘黄色。

有一次，与《中国国家地理》杂志的单之蔷先生聊起2008年北京将举办的奥运会，他提出发奖时应当送什么花的问题。通常，发奖时献花不过是百合、月季、鹤望兰、菊、康乃馨、勿忘我、香雪兰之类。单先生设想，能不能献上有中国特色或者北京特色的花卉？我说很难。因为一要考虑季节，二要考虑地域，三要考虑现状。目前，在切花市场上，有中国特色的花卉，几乎是零。我订阅了《中国花卉园艺》杂志，翻来覆去就那么几种洋花，既不见中国花卉也很少见中国园艺。近些年，城市中花卉市场建了许多，但看一家就足够了，一年四季推销的不过月季、百合、一品红、仙客来、丽格海棠、蝴蝶兰、大花蕙兰等，相当多为舶来品。北京的野生花卉资源，倒是非常丰富，开奥运会的时节北京周边山上的窄叶蓝盆花（山萝卜花）、胡枝子、紫菀、沙参、石竹等正在开放，它们还是相当有特点的。但是，现在临时立项，引种驯化，批量生产，恐怕来不及。

上图：金莲花，毛茛科。未开放时花淡黄绿色，边缘浅褐色，像花毛茛或者卷心菜。

下图：银莲花，毛茛科。一莛多花，白色。萼片5~6。

上图：长瓣铁线莲，毛茛科。花萼钟状，蓝色、淡紫色。

下图：鬼箭锦鸡儿，豆科。花白色，旗瓣宽大。密生长硬刺。

野罂粟，罂粟科。花瓣4，橘黄色。混生在禾本科草丛中。

不过，这一考虑引出了两件事。第一件事，我们自己的切花品种在哪里？近些年，我们盲目引进外国的切花，市场上几乎千篇一律那么几种洋切花。国人对洋花很重视，热衷于重复引进。这过程中，是不是忘记或者不够重视中国自己的物种？据我观察，杏叶沙参、石沙参、石竹、瞿麦、山丹、黄花菜、紫苞鸢尾、蓝刺头等，在北京都有分布，驯化并批量生产是可行的。当然，这需要时间和资金投入。

第二件事，既然到2008年奥运会上捧出有北京特色的鲜花不大可能了，那么送上一部《北京野花》精美画册，应当不成问题。这部书当然一定要选择实实在在的北京野生植物，公园、植物园栽培的不地道，不能算。选择大概100种就可以了。这书要中英文对照，特别是要有详细分类和索引，附植物拉丁名。

（2021年补注：事实上，在2008年北京并没有特意向外界展示自己的特色物种。科学出版社倒是出了一本印刷精美的《北京森林植物图谱》，收录物种数（461种）不算多，定价却很高（368元）。又过了10年，到了2018年，《中国常见植物野外识别手册·北京册》才由商务印书馆出版。2019年北京大学出版社推出了《北京野花》。）

第一件，是植物学家、园艺学家及生产公司的事。第二件，不要求太多的植物学知识，但要积累、要有热心。如果有谁支持一下，我就愿意做这件事。实际上，由于经常到周围山上转，已经不知不觉积累了一些材料。

京西百花山

1941年抗日战争时期，作为冀热察挺进军司令的萧克有诗云："百花山上百花开，六合英雄冒暑来。夜瞰故都云烟暗，反攻一到会燕台。"

京西百花山位于北京西郊房山区与门头沟区交界处，主峰海拔1990米，距北京城区120千米。这个山脉实际上有两个著名景区：百花山景区与白草畔景区，前者可从门头沟由北向南进入，后者可从房山区由南向北进入。白草畔略偏西一些，海拔也高一些，但通过盘山公路汽车可以一直开到海拔近2000米的主峰。两个景区之间有一条颇长的林间小路相连。

百花山共有植物1100多种，植物垂直分带明显，以高山草甸野生花卉最为著名。历史上百花山上寺庙很多，香客如云，其中瑞云寺、显光寺、上娘娘庙、下娘娘庙、关帝庙等较有名。瑞云寺始建于隋唐，历唐宋辽金元至明，重修38次。不过，山上众多的寺庙多毁于清末和民国年间，今已无存。20世纪初，这里庙会还十分红火，每年农历五月十八日到二十日，庙会规模盛大，人山人海。但是，延续了几百年的庙会因战乱而渐渐消失了，如今只能从文献记载中领略往昔的繁华。年轻一代根本不知道百花山还有深厚的文化底蕴。

为了观看兰科杓兰属植物，去年（2004年）夏天好不容易挤出一天时间准备到百花山。头天晚上在北京大学科学传播中心网站发出邀请信，征寻同行者，由于时间太紧，一个没有征到。杓兰在北京的花期为6—7

月，必须在这期间去才合适。

我查了计算机里的档案，第二天是6月13日。清早5点半起床，6点从西三旗育新花园出发，约8点到了苹果园，在那儿与一辆"趴活儿"（指无营业执照的"黑车"司机等乘客）的"小面"司机谈妥，往返300元。开始时我们双方都有些戒备。路上司机得知我只是为了去看一些植物，很是好奇和不解，言语中透露出"有点不值"的意思。在一个大阴天难得找到一个好活儿，他看起来总还是有些得意。可能仅仅因为好奇，并且闲着也是闲着，他表示愿意与我一同上山，也看看他熟悉的植物。

司机老家就在离百花山不远的一个村子，熟悉当地的道路。不巧，刚到半山腰就下起了雨，并且越来越大，山路颇难走，树枝上满是雨水。等我们爬上山，再好不容易爬下山，已经用去5小时，浑身是泥水。下山非常麻烦，根本没有路，我们在白桦、红桦、落叶松、山杨树林和灌木丛中穿行。

但是，从始至终没见到一株杓兰！

在海拔1800米左右的一个山崖口处，见到了盛开着粉红色花的红丁香（*Syringa villosa*）和难得一见的珊瑚苣苔（*Corallodiscus cordatulus*）。后者我是第一次见到实物，也算有几分高兴，多少弥补了计划落空的遗憾。转念一想，何必着急呢，杓兰留待以后再看吧。当天，还见到一些开着漂亮蓝花的铁线莲、北重楼、刺果茶藨子（*Ribes burejense*）、美蔷薇（*Rosa bella*）、黄花列当（*Orobanche pycnostachya*，一年生寄生草本植物）、虎榛子、正开着花的花楸、五味子（藤子长得很高大，左手性）等植物，并拍了照，总结起来也算小有收获。

这个原本素不相识的司机，在山上与我分掉面包和矿泉水，谈话也颇投机。他确实也认识不少植物，不过叫的是俗名，有一些与我们东北的叫法相似。我记得，他把"六道木"称作"六道子"。返回北京的路上，我竟然睡着了，到了苹果园，他表示愿意再免费送我回家。从苹果园到我家，打车的话，少说也得60元。

一晃，已经一年多了，再也没有见到那位司机，他的名字早已忘记了。不过他笑起来的形象还记得清晰。

2005年暑假，我的一个研究植物的表姐（在美国读的博士学位，现在一家生物工程公司工作）带女儿从美国回来，多次表示希望我陪她们再爬爬非常"野"的大山。去年我们一起去过虎峪沟和银山塔林，玩得不错。

最近，我正在北京某驾校学开车，58小时"刷卡"终于完成，一周后（8月5日）"路考"，此时有点空闲，于是我们定于7月30日和31日两天到百花山，目的是爬山并观赏高山草甸。我自己则还想着能否看到心仪已久的大花杓兰。按理说，我小的时候在东北是见过杓兰的，父亲确认我见过，但印象不深刻。

想仔细观赏大花杓兰的一个契机是，1999年偶然读到《纽约时报》的一篇报道。那篇报道描述了西雅图附近一位学园艺的先生自己办了一个植物园，还定期出版其园中植物的名录，人们可以免费参观他的植物园（当然，他并非只是奉献，他的公司在全国出售各种植物幼苗牟利）。他到中国云南采集了许多野生花卉到美国栽培（此举听起来令人不快），其中就包括大花杓兰（*Cypripedium macranthos*），报上刊出了原产于中国云南的漂亮的大花杓兰彩色照片。回国后，查了一些资料，北京此属植物有三个种：紫点杓兰、大花杓兰和黄花杓兰，但据说很难驯养。《中国长白山高山植物》（科学出版社1999年出版）一书中图119展示的是大花杓兰，十分美丽。于是，我萌生一个念头：我能否驯化此植物？去年夏天回东北，已经过了杓兰开花的季节，有一天我与父亲上山，偶然碰到两株植物像大花杓兰，准确鉴定需要与植物志一一核对，并且最好是等到它再次开花。我将这两棵植物栽在吉林通化老家楼后的花池中。本没指望它能成活，但不久前父亲来电话说，果然是杓兰属植物（具体是哪个种，现在还不知道），成活了并开了花。我听后十分高兴，让父亲一定照管好，明年我回老家观看。

言归正传，7月30日，我们一家三口及表姐和其女儿共5人11时从家出发，从昌平霍营乘城市轻轨经西直门转地铁到苹果园。花150元乘一辆面包车，用了两个多小时，到了百花山半山腰处的售票口。109国道比以前好多了，但由于弯多，并且多是山路，车子不敢跑得太快。

门票还说得过去：30元。过了售票处，再上一段山就是林场。找来找去，里面只有一家能住宿，平房每间200元，标准间则高达480元。我们住在一个叫作"中楼"的类似别墅的小楼二层。风景及室内装饰均不错，只是屋子中弥漫着浓重的装修材料的味道。"中楼"边上是景区唯一的一家商店"百卉商店"。

与海淀区的金山、门头沟区的小龙门（距北京114千米）一样，百花山是北京林业大学和其他高校生物系学生重要的植物学野外实习基地，这些地方物种十分丰富。

30日下午，我们只在林场附近转了转，参观的景点有松树走廊、燕子窝、百花瀑布、蚂蚁山等。林场的油松树干均有碗口粗细，显然是人工林。大片的落叶松林，大概也是后栽上的，长势良好，被上山的索道分成了不连通的两部分。

资料记载，百花山为燕山期形成的褶皱向斜山，与髻（tiáo）髻（jì）山、清水尖、妙峰山等连为一线，共同构成北京西部山区的主要山脉。岩石形成年代距今约1.5亿年。百花山林场1954—1962年由北京市国有林经营所管理。1970年归门头沟区管辖。1985年北京市政府批准百花山为天然动植物物种和生态环境资源自然保护区，1986年成为市级自然保护区。1991年政府拨款重修黄（黄塔）百（百花山）公路，第二年修成通车。看得出来，最近几年盘山公路又重新修过，但多处已有较大的裂缝，显示出小滑坡的迹象。

所购《百花山》一书第17页描写百花山清晨观日出，有这样一段："站在这里，你可以清晰地看见，东方天际有两条笔直光亮的带子，那就是长安街上的两排路灯。甚至于通过串串彩灯所勾勒出的建筑物的轮廓，你可以分辨出哪里是天安门，哪里是人民大会堂，哪里是民族文化宫，哪里是北京西客站。"

此行的主要目标是到高山草甸，加上有两个孩子，遂决定乘昂贵的（2021年注：相对于当时工资水平）缆车上山。没料到想花钱还花不出去了，我们被告知缆车检修停运，何时修好没准儿，一般需要两三天。大家只好顺西侧的山路靠两条腿上山。两个孩子倒是一点不在乎，始终走在最前面。虽是在林间行走，偶尔也有阳光穿入，火辣辣的。

一路上，见得较多的植物有胡桃属乔木[据《北京植物志》是胡桃楸

（*Juglans mandshurica*）]，但是它的果核比东北的正宗胡桃楸小得多。北京野生的本土胡桃属植物只有两种，果核都较小。按我个人的意见，北京的两种分别是麻核桃（*J. hopeiensis*，果核球形）和小果核桃（*J. draconia*，两者应当归并，前者为后者的一个变种）、山荆子、展枝沙参（开着淡蓝色小铃铛似的小花）、华北香薷（木香薷）、水蔓菁、石生蝇子草、紫花耧斗菜、短毛独活、黄花铁线莲、狼尾花、黄海棠、鸡腿堇菜、高山露珠草、蒙古栎、白桦、红桦、华北落叶松、刺五加等。沿途蚂蚁窝又多又大。这里的黄蚂蚁中等个头，十分凶猛，咬人一点不含糊。我左手扶一株蒙古栎的小枝，右手按快门拍照，几秒时间，数只黄蚂蚁已经登陆左臂，狠狠地咬起来。

　　用了两个多小时，来到海拔近2000米的百花草甸。眼前豁然开朗，各种野花目不暇接。为防止人为破坏草甸，游人行道铺着带孔的厚水泥砖块，这一点做得非常好。（到2005年秋，草甸中已经铺上更高级的木板路，很美观，游人也不易伤到野花。）

　　最先引起注意的是马先蒿属的植物（一看就有多个种），密密地开着淡紫红色的花，其次是瞿麦、金莲花、石竹、蓝刺头、黄花菜、飞燕草、高山蓼（有人将其鉴定为叉分蓼）、东风菜、狭苞橐吾、绢茸火绒草等。较高的草本植物有大叶的藜芦、牛扁和拳参。柳兰有少许，但长得不好看，美观程度与我在长白山所见的相差甚远。

　　马先蒿属是玄参科植物的一个属，早就听说中国植物学家对此属有深入研究。北京地区开花较早的一种是黄花马先蒿，分布很广。31日这一天我们见到两种马先蒿：①穗花马先蒿（*Pedicularis spicata*），茎生叶

4枚轮生，花左右对称，下唇远长于盔。②返顾马先蒿（*P. resupinata*），叶互生，与前者相比花稀少，从垂直茎方向观看，花着生通常整体呈一定角度旋转。下唇及盔部呈回顾状，喙部长约3毫米。这两种植物的花色相近，但叶着生方式差别明显，花序形状也有明显差别，因而容易区分。

草甸上还有三种野花值得一提。一是大花蓝盆花，忍冬科（原川续断科），它是窄叶蓝盆花的变种，特点是头状花序直径较大，但植株较矮。窄叶蓝盆花此前在海淀区鹫峰山梁上见过。

二是菊科的驴欺口（*Echinops davuricus*），也叫禹州漏芦、蓝刺头。此种植物在植物园及昌平虎峪均见过，但外形还略有差别。百花山的驴欺口植株矮而壮，叶背白色，花序呈现一种淡蓝紫色，平均高度约30厘米。而虎峪的驴欺口，植株高100~130厘米。

最后一种是黄芩（*Scutellaria baicalensis*），唇形科，根黄色，通常中空。花序顶生，总状，花冠蓝紫色。它是一种常用草药，茎叶还可制茶。我最早是在大连海滨拍摄到此植物的。李时珍在《本草纲目》草部第13卷说："芩，《说文》作菳，谓其色黄也。或云芩者，黔也，黔乃黄黑之色也。"黄芩主治诸热黄疸，肠胃不利，破痈气，治五淋，泻肺火，治风热湿热头痛等。黄芩制成的茶称"黄金茶"，一则因为沏出的茶有黄颜色，二则因为它有多种治疗和保健作用。制茶方法有多种，我本人尝试过一种：茎叶洗净，切成段，先蒸后晾，干后密封保存。感觉口味非常不错。北京郊区地摊上经常有出售黄芩茶的，但包装不讲究，看起来不太干净。

下山时缆车竟然恢复运营了。山上索道尽头东侧有一株已结果的花楸树，与怀柔喇叭沟门的相似，也与我在俄罗斯哈巴罗夫斯克所见的行道树阿穆尔花楸树相近。

百花山草甸与灵山草甸相比，地势更平，土层更厚。植被也有些差别。百花山这里少见野罂粟（山大烟）、胭脂花，也没见到鬼见愁。

下山后在林场附近等车，女儿嚷着要找蘑菇，她竟然真的在路边的油松林找到了。去年国庆节带她到北京怀柔喇叭沟门采蘑菇，她似乎采上了瘾，确实是采蘑菇的好手。

不一会我们就采了满满一袋子蘑菇，约3千克。多数为粘团子（一种牛肝菌）和扫帚蘑（浅黄枝瑚菌），少量小青蘑和松树伞。其中最美味的还是白蘑科的棕灰口蘑（*Tricholoma terreum*），东北人通常称之小青蘑。小青蘑炖白菜是我从小就喜欢的一道菜，可惜这回只采到两个，单独做汤是没戏了。

1998年，我们在美国的印第安纳州一个松林中采到许多小青蘑，带队的惠勒博士怕我们中毒让全扔掉，我们还是偷偷留下一部分吃掉了。我有百分之百的把握辨别这种小青蘑。防止误采毒蘑菇，我的一个原则是，不但要认清蘑菇本身的模样，还要考虑它生长的具体环境和季节。

7月底，远未到采蘑菇的季节，此时山上的蘑菇多数有毒，这次不费力就采到一些可食的，确实出乎意料。在北京正式采蘑菇要到9月或10月，最早也得8月下旬。

上图：京西百花山草甸。2004年7月31日摄。开紫红色花者为马先蒿属植物，白色
花穗者（较高者）为蓼科植物。

下图：珊瑚苣苔，苦苣苔科。生长于百花山海拔1800~2100米山崖处，平时难得一
见。2003年6月13日摄，当时下着小雨。

上图：从百花山向西北方向望去，群山交错。

下图：百花山蚂蚁窝极多，蚂蚁多为黄色，十分凶猛。

左上图：林场附近的水蔓菁，车前科。　右上图：林场附近的石生蝇子草，石竹科。

下左图：展枝沙参，桔梗科。生于高山草甸。

下右图：藜芦，百合科，有毒。根似葱。叶似大花杓兰。

上图：蒙古栎，壳斗科。　下图：草甸上的瞿麦，石竹科。

上图：窄叶蓝盆花，忍冬科。

下图：近观驴欺口。

驴欺口，菊科。蝴蝶为蛱蝶科灿福蛱蝶（旧称捷豹蛱蝶）。

北京昌平虎峪

虎峪，地处北京市昌平区南口镇之东北方向，北面是高山，南面是冲积平原。这些高山整体上呈东西方向延伸，构成了北京北部的屏障，翻越这个巨大的屏障，向北就是延庆县（现为延庆区）。与此东西向大岭近似垂直的方向，向南和南北各延伸出许多条小山脊和山沟。虎峪沟便是其一。

虎峪沟口是虎峪村，周边已经有许多单位驻扎，除了清华大学200号、北京大学200号（原为保密研究部门）以外，新增了虎峪园林山庄、驻军某部的坦克训练场、老北京微缩景观园（建成没几年便废弃，已破旧不堪）和一所警察学院（北京警察学院）。虎峪是北京地区有特色的自然风景区：有山，有湖，有流水，交通亦方便。从德胜门沿京昌高速公路北行，出陈庄出口再右行，共需约45分钟便可到达。

虎峪风景区沟谷狭长，约12千米，植物种类众多。游人一般只沿沟谷行进3~5千米就返回，见识不到那种自然的"野"性，难以领略虎峪的真正奥妙。而虎峪的别致就在于其"野"，这种野是区别于香山、八大处、鹫峰、银山塔林的要点所在。论名气与地位，香山在北京数一数二，但对于"身在都市心向乡野"之士，香山就未免太俗了。

1985年，我第一次听说并"考察"了虎峪，做梦也没想到的是，现在我竟然在虎峪费九牛二虎之力自己盖房子，想安一个家。我与《普罗旺斯的一年》作者彼得·梅尔（Peter Mayle，1939—2018）的想法类似：回归土地，寻找一种与喧嚣城市迥然不同的另类生活。不同的是，他到法国普罗旺斯看中的是那里的薰衣草、阳光、异乡情调、美食以及松露，我到虎峪是看中了其丰富的植物、溪流和山脉。他关注与描写的主要还是人事、人工自然，他的房子是办理了复杂手续后购置的，虽然内部改造几乎用去了一年的时间。而我考虑的是能够随时进山看那里的植物（理由简单得像我当年毕业时想留在北京，竟是因为北京的图书馆多），我的房子从置地、设计结构、挖地基到打顶都是在我控制之下完成的。另一种说法是，多数人是因为富而盖房子，我则是因为穷而盖房子，城里的房子咱买不起。

暑假，北京大学大部分院系的学生都回家了，而地质系和地理系的学生却要留校进行野外实习。每个暑假均如此，房山周口店、涞源铜矿、秦皇岛石门寨、内蒙古巴林左旗等都是地质系实习常去之地。实习条件现在看来非常艰苦，有时要睡在地上，上面只铺一层薄薄的木板，不过当时还是颇快乐的。

1985年夏天，四个班级120多名学生乘3辆大轿车从海淀区"老虎洞"（在北京大学小南门附近）出发，另有一辆大卡车满载着行李，到昌平北京大学200号校区入住。半天野外实习，半天写报告，持续近20天。昌平一带有特色的地质"露头"差不多都前往看过一遍，测剖面、走断层、看节理、量产状等是家常便饭。

有一天早上，我们"岩石、矿物及地球化学"专业20余人在指导老师带领下，从北京大学200号出发，观察河谷阶地，然后穿过一个村庄（虎峪村），来到虎峪沟口。记忆中沿途唯一高大一点的植物是人工栽种的成片的洋槐。

到虎峪地质实习，重点是观察断层角砾、片麻理和地层的不整合接触。南口、虎峪一带沿山脚有一巨大的断层，在南口西侧能够明显见到断层三角面，而在虎峪，通过修路开凿的土层、岩层、断层角砾随处可见。当时还没有修水库，沿河谷边缘一条小路向沟里行进一千米左右，有一处"石香肠"构造，带队的刘老师让我们仔细观察，并作野外素描。这处"石香肠"至今保留着，每次进虎峪沟谷都要经过它。2004年，我在虎峪沟西侧雀儿涧登山途中另外看到了两处清晰的"石香肠"构造。顾名思义，"石香肠"指较软的岩层在地质历史中受热受压，被两侧的岩层挤成一段一段的，外围岩层像肠衣一样包裹着被挤断的岩层，里外岩石颜色通常不同，外表看起来，极像成串的香肠。

地质系当时流行几句自嘲的说法，如"野外抓把土，室内看光谱""逢沟必断""模糊地质""点酸起泡"等。这里只解释最后一则，其实是本系的一位年轻教师在秦皇岛288高地告诉我们的。原来，某年某次地质实习，某教师带几名学生在野外观察灰岩。教师突然内急，不好意思直说，就拐弯抹角对同学们说："你们到那边看看，用盐酸点点（学生实习一般都随身带一小瓶盐酸，盐酸滴到碳酸质岩石上会立即起反应，生成二氧化碳），比较白云岩与石灰岩有何不同。"几名男生女生便到远处观察去了，这位老师急忙就地小便。完毕后朝同学所在方向赶去。不巧一个学生跑回来找遗下的罗盘，见地上岩石表面湿了一片并有气泡，颇感诧异。这位老师急中生智，顺口解释道："点酸起泡，点酸起泡！"据说这则故事传遍了全系，并且一个年级一个年级向下传递着。几年前老同学聚会，提起此典，人人大笑不止。

言归正传，那次到虎峪，看的是石头，而不是植物。印象中，小路边有火炬树、侧柏、荆条、地黄、某荨麻等，没见到非常特别的植物。

见识到虎峪丰富的植物，还是后来二十多年后的游览，其中我独自一人前往约十次。

早春时节，溪流边的薄荷、杠柳、北马兜铃就迅速长了出来。杠柳在虎峪是优势物种，借助其他树木，以右手螺旋攀缘而上，形成无数密密麻麻的藤条，上下左右来回穿越。同类但稍逊的攀缘植物有卫矛科的南蛇藤（ *Celastrus orbiculatus* ）和豆科的葛。

这三种植物均可以引进城市街心公园，与紫藤配合起来会非常有趣，如果再加上软枣猕猴桃（昌平碓白峪的双龙山有大量高大植株），那就更棒了。葛倒是有栽种的，比如怀柔幽谷神潭入口处及鹫峰地震台对面就有栽种，像葡萄藤一般起遮阴作用，其根还可提取优质淀粉。在秋季，最美观的要数南蛇藤，米黄的叶子、火红的蒴果，高高地挂在山杨、核桃楸等树上，别具一格。

虎峪沟谷一年四季有流水，周围岩壁保持湿润。岩壁上大量生长着独根草（ *Oresitrophe rupifraga* ）。它是虎耳草科多年生草本植物。株高10厘米左右，根扎在岩缝中。根状茎粗壮，外皮棕褐色。叶基生，2~3枚。叶片心形。花莛直立，上部被短腺毛。聚伞状圆锥花序。萼管钟状，裂片5，粉红色。蒴果。我曾在户外的一个小花盆中试栽过，长得非常好。如果把它视为观赏植物，其花和其叶均有独到之处，但两者不可同在，花（实际上是花萼，它没有花瓣）开时叶还没有全长出来，叶展开之时花早谢了，但花莛还保留着，到第二年春天仍然可见。深秋时，独根草的叶子颜色多样，与背景岩石对比明显，这时观赏或者拍照最佳。

每年8月，虎峪沟谷宽阔处，百花齐放，蝴蝶飞舞。蝴蝶最喜欢开白花的狼尾花（*Lysimachia barystachys*）和开淡粉花的罗布麻（*Apocynum venetum*），在一朵花上吸食数秒或数分钟，然后不紧不慢地飘到另一朵花上。狼尾花，属于报春花科，嫩茎酸甜可食，幼时常和小朋友采食。可能因其总状花序弯曲呈狼尾状，而得名狼尾花。《中国植物志》曾将其中文名改为"虎尾草"，不妥。一是与一种禾本科植物重名，二是不符合多地的习惯。一般人可能想不到，在获大奖的《中国植物志》中，两种不同科的完全不搭界的植物竟然取了相同的名字。可能那时候数据库技术用得还不好，没有很好地查重。除了狼尾花，这里同属植物还有狭叶珍珠菜（*L. pentapetala*），也是总状花序，但花排列不紧密，不如狼尾花美丽。狭叶珍珠菜的花期要比狼尾花晚一个月左右，从叶形和花都容易分辨这两种植物。

罗布麻又名草夹竹桃、茶花叶，多年生草本，夹竹桃科。株高1~2米。具乳汁。茎直立，多分枝，红色。叶对生。聚伞花序顶生。萼5深裂。花冠钟状，粉红色。蓇葖果双生，下垂，长角状。叶可入药，降压强心、利尿安神等。这种植物我在中国科学院香山植物园（现为国家植物园南园）新建的中草药园中曾见到过。2006年，我在新疆市场上多次见到有出售罗布麻茶的。

2000年初冬的一天，我在虎峪沟谷接近黑龙潭的一个分岔口处，从地面上拾到一个双荷包状的植物蒴果。抬头仔细察看，周围只有一株类似白蜡的灌木，高约150厘米，不认识。第二年夏天，又找到此株植物，采了叶和蒴果，回到家里，终于查得其名叫省沽油（*Staphylea bumalda*），省沽油科。这种植物奇数羽状复叶，3小叶。圆锥花序顶生。蒴果膀胱状，像两个小口袋连接在一起，先端近截形。省沽油，颇怪的名字，查夏纬瑛《植物名释札记》也不见。北京只有一种，很少见，《北京植物志》记载见于房山区上方山。但在全国分布还是很广的，如东北、山西、江苏、陕西、湖北等地均有。这种植物有什么用途？我也不清楚，植物志中说，其种子油可制肥皂和油漆。没准儿，其名字与种子的用途有关，因为都涉及油。无论如何，对我这样一个非专业人士，省沽油有着特别的类型意义：①此科在北京只有它一个种，其分类学价值自然颇高。②树冠、叶形、蒴果非常好看。我在盘算着，新盖的房子周围还有几百平方米的空地，除了种上女儿喜欢的柿子外，应该种上一株省沽油（2021年注：后来我倒在北京大学人文学苑东北角植了一株，年年开花）。

虎峪自然风景区实际上分东西两部分，售票也是分开的，东部15元，西部10元。东侧的主风景区有人工湖及十几千米的沟谷，道路平坦，宽约1米，伴溪流而行。向东翻越山梁可到沟崖，再向东过一道梁可到德胜口110国道。而由虎峪村北口的停车场向北偏西方向上山则是雀儿涧，这里只有一羊肠小道，沟谷狭窄、陡峭，宽约20厘米，坡度平均在30°以上，局部可达到70°。

雀儿涧一线离停车场不远处为昌平革命史展览馆和百仙神洞。百仙神洞实际上是20世纪70年代修建的一座大型战备洞，里面能容下一万多人，有几十米高的石质大厅数个，十分壮观。但从地质构造角度讲，这一带并不适宜挖凿大型山洞，因为地处破碎带，构造复杂，大小断层有很多。

这条路线，我只是在近期才光顾几次。据管理处人员讲，这里几乎没有游人上山，每次她都叮嘱我：注意安全，不要走得太远，以免迷路。实际上我自小在山里长大，从来不迷路。

上山过程中路过金丝泉，原本想象中是颇有名的景点，现在只有一丝泉水滴下，倒是与名称相符。

沿途小路边的植物主要有桑、栾、金灯藤（日本菟丝子）、毛黄栌、茜草、长梗韭、胡枝子、接骨木、益母草、中华秋海棠、大丁草、裂叶堇菜、麻核桃、大花溲疏、白蜡、臭檀吴萸（旧称臭檀）、薄皮木、孩儿拳头、荫生鼠尾草、苨草、大叶铁线莲、虎掌半夏、一把伞南星、半夏、暴马丁香、黑弹树（小叶朴）、君迁子、太平花等。

近山梁处阴坡多生有蒙古栎、柞栎、鹅耳栎、元宝槭（平基槭）、紫椴、紫菀、独根草、河北耧斗菜等。山梁处生有蚂蚱腿子、臭椿、河朔荛花、漏芦、苦参、沙参、刚毛忍冬、白首乌、山鸢尾、小叶椴、小叶鼠李、洋槐等。阳坡则多生有野葛、荆条、山杏、野韭、酸枣等。

半山腰处及山梁多处可见人工栽种的植物：国槐、某种梨树、洋槐。在雾云洞附近有一株直径约50厘米的老槐树。据说这里曾有千年古刹，但现在只能从依稀可见的青砖、石墙、一块断碑、几个不深的山洞，判定这是一处寺院遗址。

雀儿涧一线最值得注意的植物有两种：中华秋海棠（*Begonia sinensis*）和薄皮木（*Leptodermis oblonga*）。前者也叫野秋海棠，在北京它是唯一处于自然生长状态的秋海棠科植物，其他数种都是非本土植物，只能生长在温室或室内的花盆中。中华秋海棠很像花盆中栽培的秋海棠（*B. evansiana*）。门头沟的几条山沟中也有中华秋海棠。它通常生长在潮湿的背阴处，开着晶莹剔透的粉红色花，雄花的花被片为4，雌花的花被片为5。植株有块根，呈球状。我曾尝试在花盆中栽种过。切掉新鲜枝叶，保留块根，埋入土中，不久会发出新芽。但长势不佳，很快就死掉。第二年春天，不料它又发出了新芽，叶子非常可爱。但好景不长，叶缘不久后就开始枯黄，最后又死掉了。我估计块根还是活着的。这种植物可能习惯于生活在阴凉潮湿的自然状态中，而我家阳台不适宜它生长。

薄皮木是一种落叶小灌木，属于茜草科，株高120厘米左右。我最早曾在中国科学院香山植物园见过，处于园中醉鱼草附近的小土丘上，开着非常小的红花，样子奇特，但那里没有标牌，我也一直不知道它的名字。后来在金山和虎峪多次见到此植物，细心核对植物志，才知道它叫薄皮木。它的花虽然很小（1厘米左右）而且柔弱，却颇值得认真观察：花无柄，花冠紫红色，花冠筒呈喇叭状，花冠裂片为5。数朵小花集合成头状，生于顶部叶腋。小苞片自基部到中部合生，比萼片稍长，萼有5齿。

虎峪还盛产桑葚、山里红，数量之多可能超出人们的想象，"吃不了可以兜着走"。即使来几百人，也足够吃的。前者7月末至8月初成熟，后者10月初成熟。虎峪的药用植物也非常多，如石沙参、羊乳（轮叶党参）、半夏、北柴胡、北马兜铃、知母等。

相对说来，虎峪基本上未被开发，北京城里人知道虎峪的也不算多，来到虎峪并能爬山或者沿沟谷行进十余里的更寥寥无几。对不同的人而言，虎峪有不同的欣赏价值，保护好它是首要的，在北京地区这样的好地方不是很多。

　　补记：到2006年夏天，我园子中十多棵香椿树长势喜人，高度已经超出了围墙。园中另有柿树4株，葡萄4株，枣8株（其中2株是我自己嫁接的），紫藤1株（有一个枝头嫁接了具有左手性的多花紫藤），大樱桃2株，五角枫1株，金银花2株，枸杞、玫瑰和爬藤月季若干。草本植物也不少，到2010年，已有独活、黄芩、野鸢尾、啤酒花、鹅肠菜、藿香、岷江百合、蒌蒿、三脉紫菀、野韭、山药、薤白、水芹、地黄、知母、车前、荷包牡丹等。在园中，紫花槭、白桦、蒙古栎、青檀长得也算可以。妻子和孩子经常嘲笑园子太乱，植物太杂。而我觉得乱得还不够，品种还不够多。

凤蝶科的柑橘凤蝶与夹竹桃科的罗布麻。2004年6月13日摄于北京昌平区虎峪。

南蛇藤，卫矛科，茎右手性，图为其蒴果。2003年10月18日摄于虎峪沟10千米处。

上图：省沽油奇特的蒴果。

下图：省沽油，省沽油科，一种优美的灌木。在北京本科植物只有此一种。

独根草的花莛和聚伞状圆锥花序，上面被短腺毛。无苞片。萼管5裂，呈花瓣状，实际上它无花瓣。2004年4月24日摄于虎峪。

独根草的叶子。叶形美丽，并且极易成活，可考虑人工栽培供观赏。

上图：灿福蛱蝶和狼尾花，报春花科。

下图：金灯藤（旋花科）以右手性缠绕在荆条（唇形科，原马鞭草科）上。

上图：小叶梣，木樨科。 下图：凤蝶科柑橘凤蝶幼虫与芸香科的臭檀吴萸。

上图：小叶鼠李，鼠李科。位于山梁处，植株矮小。

下图：河朔荛花，落叶灌木，瑞香科。花被筒状，黄色，裂片4。有毒。

上图：中华秋海棠，秋海棠科。

下图：薄皮木，茜草科。

秋到雾灵山

北京周边有两个带"灵山"字样的地方：西边门头沟区与河北怀来县、涿鹿县交界处的灵山（也称东灵山），东边密云县（2015年改为密云区）与河北兴隆县交界处的雾灵山。这两处的"灵山"海拔都在2000米左右，均十分出名，可是在文献中和日常交谈中它们的名称和所指经常混淆。

门头沟的灵山明明在北京的西侧，竟然叫东灵山，有点让人搞不明白。东灵山之"东"，大概不是以北京为参考系的命名，也许正因为北京现在处于强势，前面的东字渐渐不提了，东灵山只称灵山了。在黄帝、炎帝那时期，地理中心在现在的河北涿鹿县、蔚县，相对而言，灵山确实在东侧。而雾灵山不直接涉及方位词，不过它倒是位于清东陵的北偏西方向。

灵山我去过多次，但雾灵山以前从未光顾过，主要原因是路途太远。严格讲，雾灵山在北京、天津、唐山、承德四城市之间。传说中作为清王朝"少祖山"的雾灵山风景之美赛过安徽的黄山。雾灵山有猕猴、金雕、大花杓兰、紫点杓兰。文献记载高等植物有1870种，列入国家濒危保护植物红皮书的有10种。它地处燕山山脉，主峰歪桃峰海拔2118米（为京东第一峰），年均气温7.6℃。

雾灵山原名伏凌山、孟广硎山、五龙山，到明代始称雾灵山。北魏地理学家郦道元曾到过伏凌山，《水经注》中有记载。明代学者顾炎武在《昌平山水记》中写道："其山高峻，有云雾蒙其上，四时不绝。"明洪武年间，刘伯温曾到曹家路巡视，将这里命名为"雾灵山清凉界"并刻于一块巨大花岗岩上。1645年（顺治二年），雾灵山被划为清东陵"后龙风水禁地"，封禁达260年。1950年，国家在此地成立了森林经营机构。1963年，国家曾将主峰附近800亩划为自然保护区，1988年，成为国家级自然保护区。

国庆节放假7天，去年（2003年）这时曾一路坐着出租车经延庆到了怀柔的喇叭沟门，玩得十分痛快，今年外出度假也是自然的了。全家人拿着地图反复琢磨，选中了北京东北角的雾灵山。与往年不同的是，今年家人可以坐上我开的车了（拿驾照时间为2004年8月10日）。从西三旗向北上京昌高速，至西沙屯桥向东上北六环，六元桥下，上101国道，出顺义经怀柔进密云，沿密云水库南线101国道直奔古北口（此时京承高速还没修好）。穿过古北口隧道，在承德市地界巴克什营镇兜个圈子，马上退回北京地界，向东奔司马台长城。这样的路线安排，也许是合理的，在去雾灵山之前可以欣赏古北口长城和司马台长城。

2004年10月1日，阳光明媚，蓝天白云下的司马台长城像一只巨大的剑龙的脊梁，显得格外险峻。每次登长城，我都在想，这"壮丽的墙"，其威慑意义、审美意义可能远大于边疆防御的实际功用，聪明又笨拙的中原人能够下决心修长城，而且不断地修，实在是个奇迹。秋风阵阵，登着陡峭的没有边墙的长城，即使胆子较大，腿也有些发软。结果爬了一少半，游人就不得不小心地返回。司马台长城与古北口长城、金山岭长城相连，呈东西向，构成北京与承德的分界线。这里山体外层风化严重，为花岗质破碎角砾重新胶结后形成的岩石，风化后宏观上保留着沉积岩的外形。南坡植被稀疏，几乎没有高于1米的植物，偶尔有人工栽上的一些侧柏。为了显示造林的成就，每株树向外一侧摆放的石头上都特意刷上了白石灰。北坡情况稍好，灌木状植物多些，以春榆（*Ulmus davidiana* var. *japonica*，也叫柳榆）、蒙古栎、臭椿、荆条、油松、榛等为主，长得都很矮小。不过，途中确实发现一株算是较高大的臭椿，紧依城墙的北侧而生，为长城增添了一点生气，它的树叶在此秋季尚呈绿色。臭椿与香椿都为常见植物，外形相似，均可食用。香椿为楝科植物，臭椿为苦木科植物。有位好心的编辑故意把《万木有灵》文稿中香椿改放在苦木科中，让人哭笑不得。这位编辑还大胆地改过多处，比如把荚果蕨胡乱安排到蕨科中，而实际上我原文写的是球子蕨科。编辑不是不可以改东西，但要征求作者同意，因为最终是作者承担文责。香椿与臭椿差别巨大，果实、叶、树皮均有区别，特别是香椿为蒴果，臭椿为翅果。

10月1日晚上，天快黑时赶到雾灵山庄，一处依湖而建的美丽度假村。小路上一辆车也没有，山谷中静悄悄的，我还以为走错了路，但到了主楼前，竟然发现有数百辆小轿车占满了停车场，敢情来这里度假的人颇多。夜里下了霜，据说是今年第一场。当年生的香椿枝条末端的嫩叶，在阳光照耀下，已经变蔫了，这是"霜打"的效果。红薯的叶片最经不起霜冻，一天之间已经由绿色变成了黑色。鬼针草、狗尾草、茵陈蒿大部分已经枯黄，偶有几片叶子还呈鲜红色或绿色。山马兰、甘菊、沙参、旋覆花、石竹花倒是经得起初霜的考验，颜色依旧，与周围草木相比，更显得精神了。

10月2日上午，从曹家路（几乎是北京的最东北角）向东南方向行进，直奔雾灵山国家级自然保护区的西门。进山之前，路两侧是苹果园和玉米田，一片丰收的景象。田野何时最美？就是此时。粮食及其他农产品依旧不值钱，农民收入颇微，此时却是高兴的。

此保护区共有三个大门：正门（南门）、西门和北门。前者需要从河北兴隆县进入。后两者可从北线北京密云县（2015年改设密云区）进入。

我这次进山要走西门。通向西门的道路窄而陡，转弯又多，绝对是练车的好地方。沟谷美景在车窗前晃动，但只能快速地瞥上几眼。中途两次把车子斜着停在路边，下车后才得以细细欣赏峭拔的山石和五彩的植被。老乡们兜售着白蜡树枝做的弹弓、富士苹果、鸭梨、五香杏仁、山核桃仁、晾干的血红铆钉菇（也叫肉蘑、松树伞、松口蘑）和多种牛肝菌等。弹弓5元一支，样子很别致，女儿买了一支。我试了一下，质量不错，比我们小时候做的用起来更方便。那时我们用粗钢丝而不是小树丫做手柄，这多少有点奇怪，应当倒过来才合逻辑。

终于来到西门口，门票每人71元，没有儿童票、学生票。这价格相当于东北一位纺织工人月工资的五分之一，对北京人来说也不算便宜。望着周边已经初现英姿的壮美景色，这门票大概物有所值。随后数小时的旅行，证明的确如此。

西线之景，由北向南，顺一条沟谷向高处挺进，两侧高崖以及半坡中偶见花岗岩（具体讲是正长岩）组成的耸立石峰，陡坡上是各色植物，以麻核桃、元宝槭、春榆、软枣猕猴桃为主，巨石狭缝间多为苍翠的侧柏和松属植物。沟谷中间则是潺潺的溪流。小路无数次穿过S形的小溪，呈现"$"的形状，过河之处都有人工摆放的两排30~50厘米见方的豆腐块一样的花岗石，稳固而自然。

抬头向远处望去，流水仿佛从高处的树根或者巨石后面奔出，在巨大的磨圆度颇好的花岗石中间左突右奔，行进几十米后汇聚成一深潭，然后再缓缓流向下一级。大小瀑布随处可见，小者高10~30厘米，高者达10~40米。溪流之声是自然的音乐。溪水之动与静，在景物中起着灵魂的作用，任何人造园林均无法模拟。联想到江南留园、拙政园之类经典园林，简直太逊色了。北方皇家园林，虽宽阔了许多，却也无法再现这般神奇的流动及其韵律。"天成"与"人为"，毕竟属于不同的层次。道士与儒生的境界和用功方向，由此也见分野。"赏园"的文章已经做过无数，陈从周先生先后也有"说园"5篇（收于《书带集》），谈分形变化，说辩证含蓄，确实头头是道。但关于观赏自然之园，中国的作家却不那么上心，即使关注了，也是物我不分（动听的说法叫"天人合一"），或者单纯借自然之景或植物而喻个人身世悲喜，比如白居易。偶一为之也就罢了，纵观古人留下的大量诗词，差不多都把此缠绵视为高妙，就不免令人生出一点疑问：非要这般看待自然吗？自然岂止是人伦的衬托？

国庆节期间的雾灵山，处于颜色变动最快的时节。据我的经验，此时它的颜色应当是一天一个样子，只可惜我只能在此停留一天，无法实际确证了。

秋景之美，相对于夏景，在于绿色之中多出了黄色和红色，光谱几乎全齐了。秋叶由绿变红，主要原因在于，气温下降（特别是昼夜温差变大）后植物体内的叶绿素不再生成，原有的也被逐渐破坏，而叶黄素、胡萝卜素、花青素的效果开始显现。叶黄素活跃时叶子呈黄色，胡萝卜素活跃时叶子呈橙黄色；花青素活跃时叶子呈橙红色或红色。花青素的作用效果也与细胞液的酸碱度有关。说起来简单，但只有诸多条件组合恰当，我们才有机会观赏到鲜红的叶子。

　　叶子呈红色者，黄栌属红叶（北京称"西山红叶"）、槭属植物及火炬树（外来物种）已广为人知。在雾灵山，黄栌属红叶只见有几株，也许还是后来人工栽上的，此时仍然满枝绿叶，大约11月中旬才能全红。各种槭属植物颜色变化很大，从深绿到淡黄，再到深红。这次近距离观察到最美的一片叶子呈现米黄色，与树干及背景的黑色形成对比，颇有些特点。顺便一提，金秋十月，阳光强烈，空气澄明，景物反差很大，同一对象之明暗处颜色和亮度悬殊。这种特点既不利于摄影，也有利于摄影，许多伟大作品正好利用这一特点。对于普通人物，在这一季节拍摄照片，曝光量最好降低几挡，这样得到的照片才与肉眼的观察相似，但相机终究不及肉眼敏锐。

　　除了上述几种，雾灵山如下多种植物此时也以红色的叶子装点着秋景：

　　（1）牛叠肚（*Rubus crategifolius*），蔷薇科，也叫山楂叶悬钩子、笹笹头。此时它虽然已经没有鲜红可食的聚合果，但叶子依然美丽。在东北，同属植物有多种，在秋季一般作为饲料被割下捆好、晾干贮存。因为叶上刺极多，割此植物需要戴皮手套。

　　（2）楤木（*Aralia elata*），五加科，也叫辽东楤木、龙牙楤木、刺老芽。"楤"读作"sǒng"。此植物有2~3回羽状复叶，叶长1米左右。春季刚出嫩芽时，其长度在10厘米以内，可做美味山菜。做法：用开水烫5分钟，晒成半干，蘸上面糊或者蛋糊用油煎炸，也可以用盐腌上，以备冬季食用。

（3）红瑞木，山茱萸科，也叫凉子木。其茎与叶此时均为红色。株高一般不超过3米，在林中属于矮小者，一般处于林缘、沟崖边。此植物枝条在寒冷的冰天雪地里，呈现出最红的颜色。在背阴处它长得笔直修长、侧枝不发达，在阳坡则少见并且矮小、多分枝。

（4）花楸，蔷薇科。北京周边喇叭沟门、百花山等地海拔1500米以上也生有此植物。花楸树可高达8米，火红的叶子与蓝天、白云相互映衬，坐在树下或者躺在巨大的花岗石上，静观白云缓缓穿过花楸的羽状复叶，什么也不用想，时光在悄悄地流逝，这种体验自然而神圣。

（5）山葡萄，葡萄科，也叫阿穆尔葡萄。霜后的山葡萄，是儿时的美味。论品质，葡萄穗中红杆者最佳，葡萄粒中等略偏小，外被白霜。在雾灵山，虽然遇上多株山葡萄，却不见一穗一粒葡萄。不过，攀缘在其他植物树干或者枝头的葡萄藤和红叶，还是惹人喜爱的。逆光观察，叶上的细脉清晰可见，一片巨大的山葡萄叶前面竟然有几片元宝槭（平基槭）的影子，妙趣天成。

其实，其他许多植物的叶子，也可以成为红色，比如梨属植物、地锦、藜、蒙古栎、柿树、高粱、荻等。这些植物在雾灵山上或其周围都能见到。不过，所有这些植物并非必然呈现出红色，它们有时也为黄色、橙色、灰白色等。

如果只有红色，秋叶算不上美，红色还要其他色彩配合；欣赏红叶也不能脱离其具体"与境"，即使同种颜色，在不同环境下也具有不同的意蕴。

此时雾灵山的秋叶多彩多姿，和谐共生。好看的叶子有时也要通过大片的黑色（阴影）、白色（白云）、蓝色（天空）、黄色（岩石）等背景色作衬托。在大自然中，多样性是重要的法则。

今年西线溪流水量很足，雾灵山外许多山间小型水库之秋水也都上涨了半米左右，加杨树苗、茵陈蒿、垂柳都被水淹上一大截。西线这条溪水和北线的一条河（也发源于雾灵山）最终汇集到密云水库，每年向北京输送10多亿立方米优质水。雾灵山另外还向河北潘家口水库每年输送6亿立方米水。可见，从水源一项看，雾灵山对京津地区就有很大的贡献。

西线有两个大瀑布：小壶口瀑布和龙潭瀑布，后者大约是前者的3倍高。前者在西线的中部，后者在西线的尽头，向上紧接着是一条1000米长的索道，通过索道西线可与北线及南线相通。

西线沟谷在小壶口瀑布突然变窄变陡，只得靠近铁梯上下，不过，马上沟谷又变得更为宽阔，仿佛到了另一番天地。在这一段长约2000米、坡度不大并且宽阔的沟谷中，林木高大，排列密集。95％以上是一种杨柳科杨属植物，仔细观察其树叶，确认是辽杨（*Populus maximowiczii*）。其俗名为臭梧桐，可能与杨属植物的特殊气味有关。这种味道不能算臭，但也极难描述。在雾灵山此地，整个山谷中都充满了这种杨树味。

辽杨为落叶乔木，一般散生，雾灵山此处群生，有点特别。辽杨的叶子为宽卵圆形或者宽椭圆形，基部近似心形，边缘具细的波状钝锯齿。夏季叶子上面暗绿色，下面灰白色；此时秋季，上面橙黄色，下面黄白色。树干笔直，下部全无枝杈，像一根根立柱直冲天空。辽杨与山杨（*P. davidiana*）的叶形差别十分明显，另外山杨树皮更为光滑。在西线的下段，曾见到过数株山杨。

辽杨林间偶尔长有元宝槭和裂叶榆。裂叶榆分布很广，但不同海拔高度的植株叶子的颜色差别很大，低处的仍然郁郁葱葱，高处的已见黄叶并有一多半已剥落。溪流的狭窄处淤积了厚厚的黄叶，其中90%以上为辽杨叶，剩下则是裂叶榆、春榆、元宝槭、鹅耳枥、白桦、花楸、太平花、南蛇藤、鼠李、小叶梣、麻核桃的叶子。辽杨与其他杨树一样，不耐老，即长到一定岁数，或死掉或变朽，这一点它远不如侧柏、银杏。

从雾灵山返回北京，最简单的路线是顺101国道返回，但这不符合我的性格。稍作考虑，选择密云水库北线的一条低等级公路。中途向北转到不老屯"圣水山国际乡村俱乐部"住宿。第二天继续西行，山路崎岖，不敢高速行驶。中午时到达密云的黑龙潭桥，那里已经挤满了各种车辆，有数十名警察维持着假日的秩序，我们庆幸这几天没有到这里游玩。回到家中，数了一下里程，此次共行驶470多千米。

小结：①密云水库北线山路难行。②远郊区农家饭比城里饭馆贵出许多，也无新奇之处。③雾灵山景色在北方属上乘，北线与南线（走正门）还得再去一次，最好是在5月中旬一次（看迎红杜鹃），8月上旬一次（看金莲花）。那时大概会有雾，雾灵山更加名副其实，雾中赏石、赏植物，一定有趣。

雾灵山秋天的蒙椴。此时颜色以黄、绿为主，背景为蓝色天空。2004年10月2日摄于河北雾灵山西线中段。

上图：司马台长城。

下图：雾灵山西线山谷中的溪流，它最终流入密云水库。摄于2004年10月2日。

楝科香椿的蒴果，2004年5月1日摄于北京门头沟区北港沟。苦木科臭椿的果实为翅果。据此两种植物容易区分开来。

牛叠肚，它的聚合果可食，叶可作牲畜饲料。

上图：楤木，一般成片生长，嫩芽可食。

下图：红瑞木，枝条始终为红色，叶子在秋季变红。

上图：逆光拍摄的山葡萄（葡萄科）的叶子。叶子的正面正好有几片元宝槭的叶子投下的阴影。红杆山葡萄是一种美味野果，原来通化的红葡萄酒就是由这种山葡萄酿成的，可惜此行连一粒山葡萄也没有见到。

下图：白蜡，木樨科。它的叶子颜色变化范围很广。摄于雾灵山西线小壶口瀑布下方。

花楸，蔷薇科。

雾灵山庄水库中的茵陈蒿（*Artemisia capillaris*），菊科。秋水上涨，已将许多植物淹掉一大截。在东北，人们常用此蒿熏山梨。方法是，在地下先挖一个半米深的坑，用此蒿把底部与周边铺好，将采收的不太成熟的山梨约50千克放入坑中，用此蒿盖好，外面再覆盖10厘米厚的土层。3~6天后起封，山梨成熟，散发着浓郁的香味。在当地，这叫作"捂梨"。小时候我们都干过这活儿。

高大的辽杨树干，高10米以上，此植物在龙潭瀑布一带的高山沟谷中形成优势种。有的植株由根部分出三株，长势良好。

左下局部图：黄灿灿的辽杨叶片。溪流中有大量辽杨及裂叶榆、元宝槭、春榆、黑榆的叶片。

雾灵山西线的龙潭瀑布。

貳。

天地不仁

美味野菜薤白

朗润园，原名春和园。据侯仁之先生的《燕园史话》，此园主人道光末年由庆王变成了恭亲王，这时候才改称朗润园。并入燕京大学前，最后一位园主是爱新觉罗·载涛（1887—1970）。现在重修的朗润园是中国经济研究中心的所在地。沿未名湖博雅塔、第一体育馆、镜春园东侧道路一直向北，正对着的就是现在的朗润园。过了小桥，"朗润园"石牌后面、涵碧亭旧址西侧的小山上，北侧生长着一些薤（xiè）白（*Allium macrostemon*），校园中别处好像没有见到（2021年注：近些年已传播开来，静园草坪、塞万提斯像附近、西南门、勺园等处都能见到）。薤白长长的花莛上部既开了小花，也长出大量小珠芽。这里的薤白，显然不是学校有意栽种的，估计是重修园子从校外取土石时偶然带入的。

提起薤白，知道的人不多，可是提起"小根蒜"或"小根菜"，在农村生活过的人差不多都晓得，实际上它们指的是同一种东西。薤白，是百合科的一种很普通的野菜。

我很小的时候就跟妈妈上山挖过这种野菜。在东北，大地微微暖气吹，山沟里的冰川开化，冰块垂直于表面散开、踩在上面沙沙作响，正是挖小根菜的最佳时刻。薤白刚出土时呈红色而不是绿色，像小姑娘用的红头绳一般，在山坡田间的黑土中冒出。田里挖出的薤白地下鳞茎一般都不大，因为它们大多是去年一年间长出来的。这样的薤白清洗起来非常容易，基部既没有老叶，鳞茎外也没有死皮。用山间刺骨的冰水冲一下就会洗得很干净。在农村，薤白有多种食法，一般生食。洗净后放在大盘子里端到桌上，就着玉米饼子吃，那是相当有滋味。用现在的话说，十分爽口。也可以切碎作馅，烙"菜饹子"或包"菜干粮"。还可用盐腌过食用。

到北京后，春天到来时我也会留意田间是否长出薤白，但华北的农田收拾得干干净净，几乎找不到野菜。我倒是发现，在桃园、板栗园的边角处可找见薤白。运气好的话，还会遇上密密麻麻成片生长的。无论是采蕨菜还是挖荠菜、薤白，记住地方很重要，因为每年都可以故地重游，寻求大自然的恩赐。不过，北京的薤白，见到的时候都已经变绿了，甚至变老了，可能刚出来也是红色的，在草里不易被发现罢了。后来我反复核实，在北京它压根不经过红色这一阶段。薤白的鳞茎外常有黑灰色的老皮（纸皮），清洗时费劲，需要一根一根地用手摘。

在美国中部伊利诺伊州大平原上，薤白非常多，总是成片生长。我发觉，长到一定阶段，根本不用工具就可以采收。办法是，用手同时抓住几根靠近的茎，均匀用力，缓慢从土中拔出薤白来。这时它的茎已经变老，吃起来有点像干草，味道不佳，但鳞茎还是不错的。于是可以像农村编蒜辫子一样，把采收的大量薤白编起来晾干，日后可以吃齁（hōu）辣齁辣的小鳞茎。这种小鳞茎也可代替葱花，炒菜时用来爆锅。

2009年3月25日，我无目的地驾着车，驶过昌平长陵，沿弯曲的公路向怀柔九渡河方向行进，用心欣赏了盘山路两侧干燥的山坡上盛开的数万株山桃花。经过沙峪村、翻过山梁，下坡路两侧是板栗园，我估计那里会有薤白。果然，半小时就挖了一大堆，鳞茎个头非常大，直径竟有一厘米以上的。老爸带妹妹来京看病，见到送到医院的薤白，喜出望外，这是最好的食品。

我自己的园子中，在前年就栽种了一些薤白，不过我从未舍得吃，等它繁殖开来。

薤白与百合科的葱、茖葱、长梗韭、长柱韭、韭菜、黄花葱等都是一个属的植物，气味相似。薤白对我们来说虽是美味，对于素食者却完全不同。理论上推断，薤白对于严格素食者来说应是忌食的。佛教界讲的"五辛"或"小五荤"有多种说法：①指葱、大蒜、薤（jiào）头、韭菜、洋葱。②指蒜、葱、薤白、韭、兴渠。③指葱、薤、蒜、韭、胡荽。

补充：校园中的薤白，只可观赏，不可食用。理由有许多，如数量很少，校园里经常喷洒农药等。到了2018年，塞万提斯塑像附近薤白已经繁殖了一大片，长势喜人。又过了几年，校园中薤白更多了。可以说，我本人眼瞧着这种植物在北京大学校园里从无到有，再繁盛起来。多年后，我自己的园子中薤白遍地都是，用铁锹随便挖几下就够吃的了。我在我国贵州的菜市场和日本九州大学、东京大学的校园也见到了薤白。

成片茁壮生长的薤白，摄于北京昌平。

北京野果

梭罗在《野果》一书中说："采浆果这活儿本身的意义远大于吃浆果。"还说，长浆果的地方本身就是一所大学，城市化使许多人失去了享受大自然的权利，土地私有化以及劳动分工剥夺了人们亲手采集野果的权利。

我女儿读小学时，学校在秋季组织他们到果园采摘。在采摘中，孩子们上蹿下跳、喜形于色，由此也可猜测到，野外采野果更是妙不可言。我读小学时候，学校春季组织采蕨菜为国家换钢铁，那时候中国缺钢材。秋季则组织"小秋收"活动，教师带领学生上山采集各种野果；收获的野果在农村的供销社卖掉，老师把钱换成常用的文具分给学生。回想起来，采野果的过程十分美好，我女儿这一代以及再下一代已经无法享受到这样的自然教育了。就算孩子们有时间上山，老师和学校也担不起责任。

野果是大自然的产物，是上天赋予人类以及其他动物的礼物。禁止或放弃采集野果，就相当于剥夺了或忽略了上天赐予我们的礼物。

我的老家在东北长白山，野果伴随着我长大，我认识并持续品尝了家乡几乎每一种野果。比较起来，北京周边山上的可食野果，种类和数量都少于东北，特别是数量。不过，即便如此，仍然有许多不错的野果。如果注意大自然的节律，不错过季节，一样能够采集到美味。

这里面有两个关键问题：第一，要毫无差错地认识野果，因为并非每种野果都是为我们人类准备的，有些有毒，人吃了之后很危险。第二，在适当的时间、适当的地点找到它们。这两点都离不开最基本的植物博物学。前者虽不要求知道拉丁名，但必须辨认清楚。后者虽然不要求掌握精准的物候变化，但必须经常上山，熟悉大自然的变化脉络，大致知道哪种植物长叶了，哪种植物开花了，哪种植物果实快熟了，以及各种变化的排列顺序。

北京的可食野果并不算太多，我依个人的感受，把它们分成三级，一一做简要介绍，也许有用。数量太少的不考虑，因为即使我介绍了，到野外你也难碰到，吊你的胃口不大合适。比如山葡萄在北京算是非常高级的野果，但现在越来越少，不计在内。

一级野果：味道酸甜独特，可直接食用。重点推荐毛樱桃、桑葚、牛叠肚、软枣猕猴桃、山楂、东北茶藨子。

毛樱桃（*Prunus tomentosa*），蔷薇科灌木，常见，比如海淀区樱桃沟和阳台山。6月初就成熟，属于野果中成熟较早者。果实密密麻麻长在茎上，没有家樱桃、美国大樱桃大，味道却是不可替代的，特点是汁儿多。果皮外有茸毛，其中文名就来自这一点。果实成熟后较软，不易保存，最好是在野外直接食用。但不可过量食用，这一原则适用于所有野果。我们人类走出丛林、草地，肠胃已经发生了变化，吃过多野果会感到不适。毛樱桃易成活，可以在家植一株。既可观花，还可食果。

桑葚，桑科植物，北京有两种：桑（*Morus alba*）和蒙桑（*M. mongolica*），山区常见，初学者可以不细分这两者。果实有红紫色和白色两种。北京房山周口店和昌平虎峪沟、碓臼峪非常多。要想吃到最甜的果子，有时需要爬树。同样只适合在野外现摘现吃。如果要带回家，一定要事先准备好一个抗挤压的小筐或饭盒。有一次我带几个研究生去山里吃桑葚，不一会儿，这些小家伙们的嘴角和手上都紫得可怕。实际上没什么，只是桑葚汁染的，要过好几天才会洗干净。

牛叠肚，多年生半木质化草本植物。在北京，与它同类的还有华北覆盆子和石生悬钩子。果实均可食，统称"覆盆子"。"覆盆"，意为倒扣着的盆。当然，要数牛叠肚的果实个头最大，在三种植物中最常见。这真是一种相当不错的浆果。植物学上，叫聚合果。近球形，成熟后鲜红色，轻轻一拔就能从果蒂上摘下。这野果宛如由数十个到上百个小果粒儿组成的"窝窝头"。一般成片生长，遇上一片，能吃个够。吃不了可兜着走。小时候我们用胳膊挎着小筐，专门上山采牛叠肚的果实，几小时就可以采一筐。乡村集市上一般都有出售的。东北人管这种果实叫"婆婆头儿"。这种植物的叶子带刺，被称作"老虎獠子"，意思是扎人不含糊。但它是一种优质的饲料，秋季快变红时全株割下捆好，冬季可打成饲料喂猪。

软枣猕猴桃（*Actinidia arguta*），猕猴桃科植物，又名软枣子、藤瓜、猕猴桃。它是一种高大藤本植物，能长30米高，藤茎可达手腕粗，嫩茎具右手性。果实有大拇指前半截大小，光滑无毛，不同于市场上出售的猕猴桃，但切开果实，或者咬一口，你就会发现它们是同一类水果。只有熟透时才变软变甜，但熟透的果子极怕挤压，保存时间很短。一般要提前几天摘下，放在家里让它变熟，但果子的味道远不及在藤上自然成熟者。采摘这种果子，一般要会爬树，那可是我的强项。这种植物用作园林造景相当不错，不亚于紫藤、葛、凌霄。

山楂（*Crataegus pinnatifida*）是北京地区广泛分布的另一种优质野果，除了个头小外，它在其他方面都强于栽培的山楂和红果。采食野山楂有多种办法，最有趣的则要像鸟一样，在雪后，趴在野山楂树下方的地上，慢慢翻开积雪，小心地捧起厚厚的落叶，鲜红的果子就会进入视野。捡起一只，稍擦拭一下，就可拿到嘴边品尝。如果别太声张，你也能看到周边许多鸟跟你一样，做着同类工作。北京延庆还有一种同属植物甘肃山楂（*C. kansuensis*）。其果实小而软，熟透时非常面，只可现摘现吃。

一级野果中最后一种是东北茶藨子（*Ribes mandshuricum*），它是茶藨子科（原虎耳草科）灌木，北京百花山、东灵山和河北小五台山一带有分布。成熟时果子像红灯笼一样透明可爱，如地球经线一般的灯笼骨架，透着光隐约可见。浆果味道相当特别，以酸为主，有一丝甜味。吃的时候可缓慢地一粒一粒地吃，也可以四五粒、五六粒同时放入口中，把汁吸出，然后把全部果核一起吐出。吃上30粒足矣，否则牙会受不了。

下面要介绍8种二级野果，就直接食用而言，二级野果品质要稍差一点。

二级野果首推山荆子（*Malus baccata*），蔷薇科植物，与苹果一个属。一年生的幼苗常用来嫁接苹果。山荆子果柄细长，果实相对较小，最大的也不到小指肚大。必须熟透时吃才没有涩味。冬日里树上剩下的已晒得半干的果子，味道最纯正，还可以像找野山楂一样在树下落叶中寻找。如果等不及，在果子刚泛红时，也可以采摘，回家后放到碗中，加入冰糖上锅蒸熟后食用。我发现，数北京延庆西大庄科一带的山荆子长得好。

北京遍地是酸枣（*Ziziphus jujuba* var. *spinosa*），在野外想不碰到它都困难。酸枣果肉不多，核却颇大，可以说是皮包骨，按正常思维它算不上好果子。但它有一种特殊的酸味，生津止渴，泡水喝亦可。以我的经验，整个冬天都可采得。各种植物叶子都落了，远远就能望见酸枣暗红色的果子挂在带刺的枝头。采摘酸枣要注意别扎到手指，也要防止划破裤子。

君迁子（*Diospyros lotus*）的果实也最好在冬天采摘。它就是黑枣，也叫软枣。样子与柿子几乎一模一样，因为它们都是柿科的。成熟后颜色纯黑，外面有一层薄薄的白粉。坦率说，野生的君迁子总是有涩味的，但在寒风中吃上几颗，只会觉得甘甜，而不觉其涩。坐在屋里吃，那要另说了。梭罗说，有些野果只能在寒风中品尝。与栽培的黑枣不同的是，野生果子中通常有多枚黑色、片状、坚硬的种子。这些种子发芽率很高，如果想见证一种植物是如何生长成乔木的，你完全可以做个实验：把吃剩下的君迁子种子埋在花盆里，不久它就会发出小苗、长出茁壮的带亮光的大叶片。移植到室外，一年就能长到一米以上，如果这时你改变了主意，第二年春天你可以在上面嫁接上磨盘柿。

沙棘（*Hippophae rhamnoides*）是胡颓子科植物，北京的东北部和西部都有分布，但《北京植物志》没有收入。枝上有刺，果实黄色，黄豆粒大小，紧密地贴着枝条生长。你也许喝过沙棘饮料，与野果味道是差不多的。在野外可以直接食用，但不能多吃，原因是太酸。采回去煮水，加点糖饮用还不错。但采摘它，是件麻烦事。我一直不知道沙棘饮料厂是如何做的。（2021年注：方法是连果带枝一起剪下、冷冻、敲打。）

美蔷薇（*Rosa bella*）是蔷薇科植物，当年生幼枝刺非常多。果实外有稀疏腺状刺毛，摘下可啃食果皮，但不要碰到里面带毛的种子。果子含维生素很多，带萼片晒干的果子最适合泡水喝，据说是优质饮品。

蛇莓（*Duchesnea indica*）类似草莓，也是蔷薇科植物，匍匐生长。抹掉果实外面密密麻麻的红色小种子，可直接食用发白的果肉，有淡淡的甜味，但最好是采摘一些榨汁喝。此植物繁殖迅速，可用来做荒地绿化。

欧李（*Prunus humilis*）是蔷薇科小灌木，一般不超过一米，常生长在山梁通风处。果实像李子，但果肉极少，味道很一般。果子几乎贴地生长，通常只有翻开叶子才能发现它们。

五味子（*Schisandra chinensis*）是木兰科藤本植物，又名北五味子，茎具有左手性，雌雄异株，聚合果呈穗状。浆果肉质，成熟时紫红色，可少量生食。全株有特殊香味，可作香料。叶和果实均可煮水喝。东北人家里做大酱时，一定要加入一些五味子藤同煮，既可调味又可防腐。

最后介绍三级野果，共4种，均属于坚果类。这类果子要砸开吃果仁。

超市出售的大榛仁，通常是进口的。北京的山上也产榛子，只是果仁个头小多了。榛（*Corylus heterophylla*）和毛榛（*C. mandshurica*）在北京分布广泛。后者形状十分可爱，也叫胡榛子、角榛，一般生长在海拔稍高的地方。采榛子必须掌握好时候，早一点晚一点都不成。早了果仁没长实，晚了松鼠就抢先一步了。

北京的山核桃比东北产的正宗胡桃楸果实小许多。与家核桃相比，果实坚硬，用手是拍不碎的，牙咬也不成。果仁含油较多。俗语"七月核桃八月梨"，农历七月，就该采山核桃了。把果子从树上摘下或打下，要用脚蹬去有毒的外皮。对于熟透的果子，这一步骤很容易操作，如果尚未熟透，果皮就会粘得很紧，碰到手上，立即变黄，一周内无法洗净。山核桃的外皮也有用途，栽大葱的时候为了防止地蛆啃咬，可以放一些山核桃皮或者树叶，既可做绿肥又可当生物农药，一举多得。

最后一种是蔷薇科的山杏，北京向阳的山坡上容易找到。完全成熟时果肉也可食，但人们更看重它的果仁。果核虽然不算大，但十分饱满。山杏结实较多，有的人家在房屋周围也会栽上几株，打的也是果仁的主意。有人称其果仁为苦杏仁，其实通常并不苦。

梭罗说，野果成熟的时候，应当给孩子们放假，为的是培养他们的想象力，为的是他们的身心健康。野果毕竟不如家果，但采食野果能让人们恢复野性、感受大自然的丰饶。

毛樱桃的花。

上图：毛樱桃的果。　下图：桑葚。

上图：市场上出售的桑葚。　下图：蒙桑的叶。

上图：牛叠肚的果实，像窝窝头。 下图：石生悬钩子。

上图：软枣猕猴桃。　下图：甘肃山楂。

上左图：东北茶藨子的果。　上右图：沙棘。　下图：美蔷薇的花。

美蔷薇的果。

上左图：欧李。 上右图：五味子。 下图：毛榛。

上图：北京的山核桃。 下图：山杏。

蓝莓熟了

"喂，是北京大学刘老师吗？蓝莓熟了，过来看看吧！"电话从天津市蓟县（2016年改为蓟州区）打了过来。

现在是5月中旬，北京地区的朋友想吃蓝莓或想看蓝莓，正是时候，可到蓟县淋河村去！

2009年9月，我从网上看到一则消息："蓟县建京津最大蓝莓基地，促农民增收10万元。"2009年10月6日，我满怀希望，想一睹蓝莓的风采。到了才发现，蓝莓还是小苗，只有半米多高。据说下一年能结果。

7个多月后，2010年5月15日，我再次到淋河。村里的麦子已在抽穗。进了大棚，如愿以偿，拍摄到、品尝到地道的蓝莓！

蓝莓，值得费那么大精力去瞧吗？

当然并非因为价格高，我就是想瞧瞧。这世上值钱的东西多了。蓝莓是一种优美的植物，与众不同，值得细致观赏。在美国的超市购买过新鲜的蓝莓，味道、口感相当不错。已经有十多年没有再品尝了。中国的超市倒是常见蓝莓饮品和果酱，但那与刚摘的蓝莓完全没法比。

中国引进栽培的蓝莓，通常指"北方高丛蓝莓"，其英文名为blueberry，学名为*Vaccinium corymbosum*，它是杜鹃花科越橘属灌木，最高可长到4米，原产于美国东北部，现在全世界有大量不同的栽培品种。除此之外，此属还有其他一些种，通常也称为蓝莓。蓝莓是越橘属蓝果类型植物的俗称。吉林、黑龙江山区出产的笃斯越橘（*Vaccinium* *uliginosum*）等也被称作蓝莓。中国越橘属植物有90多个。但中国学者对本土越橘属植物研发不够，栽培较少，现在国内主要引进外来品种。市场上偶见黑龙江生产的野生蓝莓饮料。

俗话说，"樱桃好吃树难栽"，蓝莓更是如此。近十多年，国内时常报道某地引种成功，加起来，引进品种上百个。全国从北到南建立了一个又一个蓝莓基地，但是极难见到有出售蓝莓的。原因之一便是，这种小灌木对土质和温度、湿度都要求很严格。比如，土壤要求是弱酸性，仅这一个条件，华北大部分地方都不适合栽种。当然，现在有办法"调酸"，碱性土施硫粉和硫酸铝可降低pH值。对于北方高丛蓝莓生长，土壤pH值应为4.0~5.2，以4.5~5.0为最好。如果pH值过低怎么办？可以施石灰。

2008年底，蓟县淋河村由政府出面，各方面投资350万元建起了占地100亩的温室大棚，从大连引进优质蓝莓种苗8000多株。据我观察，现在大部分均成活，并有相当一部分结出第一批美丽、可口的果实。此项引进基本上是成功的，再过几年，就可以进入丰产期。

两次造访，书记刘建国都热情地接待（我和我爱人）。目前淋河村有8个蓝莓大棚，我们分别参观了刘建国、刘建奇、裴春力、刘国勤四家的棚子。其中刘建奇家的长得最棒。这里共引进北方高丛蓝莓的4个优质品种：蓝丰（Bluecrop）、蓝金（Bluegold）、伯克利（Berkeley）和布里吉塔（Brigitta）。细心观察会发现，它们在叶形、果序、果实上均有细微差别。其中伯克利叶大，果柄较长，果粒之间空间较大。蓝丰果柄较短，果粒密实相接。蓝丰果实上的宿存花萼呈紧闭的五角星形，其他品种的花萼则外翻，呈敞开的五角筒形。

我对传粉很感兴趣，是人工传粉还是昆虫传媒？刘建国告诉我："我们租用了养蜂人的蜜蜂。蜜蜂的传粉工作做得很好！"蓝莓的花为小钟形，下垂，人工授粉非常麻烦，而且效率不高。

此时大棚中有一小部分果实正由绿色转淡紫色，再转黑色。成熟的果实呈黑色，但外表有一层白霜。预测一周后果实会大批成熟。第一年结果，数量有限，有兴趣的朋友不妨亲自前往。

稍遗憾的是，今年没有看到开花过程。已与刘建奇约好，明年我要专程到基地看蓝莓花！

农民非常辛苦。祝愿马伸桥镇的农民总结经验，栽种出更多更好的蓝莓，并增加收入。

起垄栽种的蓝莓小苗，摄于2009年10月6日。

左上图：品种"蓝丰"的果实。　右上图：品种"伯克利"的果实。

左下图：尚未成熟的蓝莓。右下图：果穗上可见2枚红色的小苞片。

地瓜和空心菜

地瓜（*Ipomoea batatas*）和空心菜（*Ipomoea aquatica*），这两种植物放在一起，可能觉得莫名其妙，少有人将它们相提并论的。可是，一起讨论也有相当的道理，因为它们同科同属，都是旋花科番薯属植物，叶、茎和花都有相似的地方。对于北方人来说，它们全是舶来品。这两种植物都怕冷，在自然状况下，在北方无法越冬。一下霜，茎叶立马被打蔫，叶旋即变黑，植株死掉。作为东北人，从小就晓得地瓜怕冻；冻坏的地瓜外表通常看不出来，煮熟了才知道已经坏掉，味道难闻，根本没法吃。

地瓜，也叫番薯、红薯、白薯、甘薯、山芋、红苕。它原产于南美洲，传入中国已有400多年。郭沫若说，番薯于明万历二十一年（1593年）由福建人陈振龙从吕宋（今菲律宾）传入我国。也有人说，是明万历年间广东吴川人林怀兰从交趾（今越南）传入我国的。地瓜进入中国后，先南后北，如今大江南北，到处都有栽种。

空心菜，原产于我国南方，《南方草木状》《嘉祐本草》《植物名实图考》都收有此植物。空心菜，也叫蕹（wèng）菜、竹叶菜、蕻（hóng）菜、藤藤菜、通菜、蓊菜。

空心菜传到北方的历史非常短，我个人可以做一个明确的见证。20世纪90年代以前，在北京从未见过市场上出售这种蔬菜，更没有见到栽种的。在市场经济的推动下，特别是随着更多的南方人到北方工作，空心菜迅速传到北方，在吉林省长春、通化的市场上也能买到。如今北京郊区已有人种植，我所住的西三旗育新花园的南侧一块菜地里，种了十多个品种的蔬菜，其中就有空心菜。

1989年，在一个特殊的背景下，我和党俊武、李小勤等去广东，途经湖南受阻，在衡阳某学校住了一晚。那天晚上我第一次吃到"空心菜炒米粉"。空心菜是整棵的，没有切过，虽经过热油爆炒，咬起来却非常脆，口感不错。但此时我并不知道它长在地里是什么样子。后来在上海长风公园、湖南德夯见过菜园里生长的植株，并且拍摄了其喇叭筒形的花。一见到这样的花，基本上可断定它是旋花科植物。

我本人没种过空心菜，因而关于它没有太多"个人知识"和情感渗透。而地瓜就不一样了，关于它我有一箩筐故事。从早春在东北火炕上催芽，到把芽苗蘸上黄泥移栽到垄上，从夏天为其除草、翻藤蔓，到秋天摘秧上的叶柄做咸菜，再到最后用镐头刨出喜人的红地瓜，每个环节都有故事。

为什么要催芽？在北方这是出于无性繁殖和早栽早收获的需要。每年早春，外面还很冷，许多人家就把平时人睡觉的火炕腾出一块地，四周用木板围上。先放一层河沙，把上一年留下的地瓜平整地放上一层，再在上面盖上厚厚的河沙，浇透水。炕要烧热，并经常浇水，等上十多天，沙面各处被顶起，密密的、嫩嫩的地瓜芽就出来了。这时要适当透风，让小风把新芽吹绿，长得壮实些。待到地瓜芽高出沙面10厘米左右，就要拔出备栽。拔芽也需要技巧，必须一根一根地拔，否则会把沙里面的地瓜整个带出来。新拔出的芽苗未必马上就能栽到大田里，为了不使其打蔫，百姓找到一个好办法，把芽苗一束束地捆起来，根上蘸上和了水的黄泥，黄泥能够起保护作用，防止水分蒸发。

地瓜是藤本植物，可是人们并不为其藤搭支架，任由藤子在垄上垄沟里到处长。理论上说，搭支架、捆绑藤蔓，更有利于光合作用，但成本会非常高。地瓜藤满地长会有一个问题，横走的藤蔓每一节上都会迅速生根，叶面光合作用生成的营养物质就会为此而消耗掉或跑掉，于是就要翻藤。翻藤，也叫"翻地瓜秧子"，是指用手把一根根藤蔓轻轻提起，让生了小根的部分离开土壤，将藤蔓反扣下来，让阳光晒死那些新生的根毛。这样一来，地瓜叶和叶柄也倒置了，但没关系，植物一般都有方向感，即所谓的"向性"。它会自动调整的，不久后叶的正面又会朝上，只是委屈了叶柄，多出几道弯。一块田至少要翻两次藤。

在东北时，家里、小学和中学都栽地瓜，却从来没有看见过地瓜开花。这是个谜。它理应开花并结果的啊！

前面提过，地瓜是外来物种。在北方，一般它不开花，主要是光照周期的问题，情形跟葫芦科的佛手瓜（洋丝瓜）差不多。用专业术语讲，地瓜是"短日照植物"。地瓜在北纬23°以南能自然开花，在北方则很少见到开花的，结实的更少。2009年，我栽了几株紫薯，它是地瓜的一个新品种。深秋，突然见到藤蔓的叶腋处长出了一些像花序的东西，对，是花序。不久它竟然开花了。这是我第一次看到地瓜开花。对于南方人，这可能不新鲜，但北方人不这么看。

2009年11月1日，北京第一场雪来得突然，当时我正在河北大学新闻传播学院讲课。上完课，在大雪中驾车急回北京，在天黑前赶到我在昌平的小园子中挖紫薯。刻不容缓，若等到第二天，我辛苦照料了一年的紫薯就可能被冻坏。雪近16厘米厚，铲开雪，紫薯叶还是绿的，竟然还没有上冻。拔下藤蔓，挖出的紫薯非常喜人。不小心碰断的地方呈鲜艳的紫红色，断面立即呈环形冒出白浆。我把紫薯放在雪上，拍照留念。紫薯的颜色非常特别，尤其是煮熟的紫薯。因此有人怀疑它被转基因，这是不对的。紫薯的颜色是天然的，转基因土豆已经很平常，但至少现在科学家还没有做成转基因紫薯。

地瓜与土豆（马铃薯）都是薯类，是一对朋友。过去有一个电影，表现我方通话时，呼叫"长江，长江！我是黄河！"轮到敌方则是："地瓜，地瓜！我是土豆！"从植物学上看，两者差别大了。一个旋花科，一个茄科。我们吃的红薯是植物的"根"，根上有毛；而我们吃的土豆实际是地下"块茎"，茎上无毛。

俗语曰："当官不与民作主，不如回家烤白薯。"北京人管"烤红薯"叫"烤白薯"。开始时不习惯，觉得北京人有点色盲，红薯怎么变白色了？地瓜的瓤一般有三种颜色：白、黄、紫，前两种常见。可能北京人是按白瓤来命名的，但近些年北京出售的多是黄瓤的。深秋，北京凤凰岭至百望山沿运河的马路旁，隔不远就有出售黄瓤红薯的摊子，一袋子10元，已经连续多年保持这个价格，但口感一般。好吃的，还是"蜜薯"，一种特殊的红薯。

地瓜有许多种吃法，最有特色的仍然是火烤，烤地瓜有相当的知名度。选择中等大小的地瓜，在柴火堆里烤着吃，此乃正宗，用汽油桶烤和微波炉烤都不地道。地瓜还可做成一种非常有特色的小食品"地瓜干儿"。选择细小的"地瓜扭儿"，蒸熟，但不要熟过了，晒到半干，随时食用，甘甜并有嚼头。现在超市出售的零食地瓜干明显属模仿。哪种好吃？不用说，用机器大规模生产的，口味要差得多。

郭老那首纪念地瓜的《满江红》，水平不算高，却写得朴实，比如："我爱红苕，小时候，曾充粮食。"当年粮食短缺时，我们也吃过"地瓜干子"。东北人吃的地瓜干子多来自山东，在粮店里凭户口本定量供应。注意"地瓜干儿"与"地瓜干子"可不同。前者是人们喜爱的零食，后者是没粮吃时用来填肚子的。地瓜干子是把地瓜切片晒成的生地瓜干，吃的时候用水泡一下再水煮，最后做成干饭。淀粉倒是很多，但口感不好。不过，小的时候我个人觉得还蛮好吃。毕竟，那年头，连地瓜干也吃不上的，大有人在。

空心菜的花，摄于上海长风公园。

上图：刚挖出来的紫薯放在雪地上，摄于北京昌平虎峪。

远航而来的玉米

2010年新年第一天，我在寒风中花一元五角买了一穗煮黏玉米，大口啃起来，感觉很香。从小，我就习惯这口儿。每次吃玉米都带着一丝崇敬，感谢这凝聚着泥土、雨露和阳光的田间礼物。说来也怪，这种感觉是吃大米、高粱、小米等作物不曾拥有的，大概与我小时候更多地接触玉米有关吧。

从黑龙江到云南，从高山到平原，玉米这种到处都能生长的粮食作物，不知养活了多少人。没有玉米，就像没有土豆一样，这世界或许要饿死不少人。反过来，也可以说，没有这两样作物，世界上的人口也不会有如今这么多。人们过多地关注政治、战争对世界的影响，通常看不到植物所起的根本性作用。相比于小麦、大麦，玉米易加工，更易保存。目前世界上仍然有18个国家直接以玉米为主食。

早先，农民种玉米看重单个棒子的大小，流行长株距，即苗与苗之间距离较大，而后来强调合理密植。以前一株只结一个棒子，而现在可以结两个，甚至三个。从种到收获、加工，关于玉米的一切我似乎都参与过。回想起来挺轻松，还透着诗意，但农村人知道那是体力活儿。不是农民，不可能真正明白"粒粒皆辛苦"。在早春，用背拉着耕犁，在三伏，光着脊梁钻进玉米地除草，那是什么滋味？我不知道别人怎样想，幼小的我知道应当忍耐，服从命运，但从来不缺少希望。从播种那一时刻，我就在想象中完全看到了收获的景象。当掰下第一茬青棒子，在篝火旁大口啃着烤苞米时，当用擦板对着锅，将半熟的玉米棒直接擦成玉米碴子，煮成第一顿碴子粥时，感觉年复一年的一切劳苦都是值得的。农村生活就是这样简朴地轮回着，人们不求发迹，但求太平。

种玉米最怕黑粉病。这种病害又称为黑穗病、瘤黑粉病，东北人称长"乌霉"。一块地长了乌霉，如不及时清除，孢子在土壤里能越冬，第二年还会长，而且更多。乌霉多了，好端端的玉米林，就是不结棒子！

生产队种玉米，不只为了人食，也用来喂牲口。作饲料用的玉米，种得十分密实，也不指望它长多大的棒儿。实际上通常不结棒儿或只结手指粗小棒儿。等茎长高了，齐根割下，用铡刀切成饲料备用。孩子最喜欢到这种饲料玉米田中撅"甜秆儿"，这种美味类似现在市场上出售的甘蔗，食客相中的都是其中的甜味。结棒子的玉米秆通常并不甜，不过，也偶尔有甜的。孩子虽淘气，但一般都约束自己，不祸害当口粮的玉米田，从不到那里乱撅甜秆儿。

《中国植物志》中称玉米为玉蜀黍，其学名为*Zea mays*，是博物学大师林奈起的。《广群芳谱》中写道："玉蜀黍，一名玉高粱、一名戎菽、一名御麦。以其曾经进御，故名御麦。"这种植物的地方名还有包谷、珍珠米、苞芦、苞米、棒子、番麦。在中国，北有青纱帐，如吉林，南有甘蔗林，如广西。早先，青纱帐长的是高粱，后来被玉米取代了。郭小川的诗形容的是高粱，今天则可用在玉米身上，因为种高粱的已大大减少：

北方的青纱帐啊，北方的青纱帐！

你为什么那样遥远，又为什么这样亲近？

我们的青纱帐哟，跟甘蔗林一样地布满浓荫，

那随风摆动的长叶啊，也一样地鸣奏嘹亮的琴音；

我们的青纱帐哟，跟甘蔗林一样地脉脉情深，

那载着阳光的露珠啊，也一样地照亮大地的清晨。（郭小川诗）

玉米是单子叶禾本科植物，小苗刚长出来时呈卷筒状，而不是像豆苗那样有两片子叶。长大后玉米叶子为长条状，布满了平行叶脉。叶面贪婪地吸收着阳光，为了通过光合作用生产种子。玉米雌雄同株，雄花在植株的最上面，雌花则在棒子上，居于植株中下部，这种结构十分有利于人工杂交育种。

玉米是高产作物，在三大作物水稻、玉米、小麦中，它的平均产量是最高的。我上小学时（1973—1977），全国农业学大寨。寒冬时节，农村要搞大会战：修梯田。田里红旗飘扬，高音电喇叭不时铿锵喊着亩产"上纲要"（亩产400斤）、"跨黄河"（600斤）、"过长江"（800斤）。有没有可能呢？长白山地区属山区，土质肥力不等，平均亩产不会太高。只有"科学"统计才能"上纲要"。所谓"科学"统计，就是把一些低产地列为"计划外"，少报总亩数，多报总产量。不过，现在玉米产量提高很快。2006年，吉林省某试验田30亩玉米平均亩产达到1122千克。

农民对玉米是那样熟悉，早就把它当成了"最本地化"的植物，当成了自己文化的一部分，几乎从来不会去想它竟然是远航而来的物种。亚洲本来不产玉米。玉米大约在16世纪传入中国。《本草纲目》称：

"种出西土，种者甚罕。"

学者已经确认，玉米这种"功勋植物"起源于墨西哥，就如我们所知道的香荚兰、烟草、花生、辣椒、土豆也原产于那个地区一样。我们同样知道，那里的原住民从来没有像今日的高科技公司一样想为这些物种申请专利。

确定栽培植物的起源，要从四个方面寻找支持证据：①植物学。②考古学和古生物学。③历史学。④语文学或语言文献学（philology）。这四条判定原则是瑞士植物学家德堪多在巨著《栽培植物的起源》（1886年）中提出来的。与伯努利（Bernoulli）家族、赫胥黎（Huxley）家族类似，植物学界有三个了不起的德堪多，涉及一家三代人，到底是哪一位？一般材料或科学史书，有时未细分这三人，这里特意列出三位的全名：Augustin Pyramus de Candolle（1778—1841），Alphonse Louis Pierre Pyrame de Candolle（1806—1893），Anne Casimir Pyrame de Candolle（1836—1918）。讲栽培植物起源的，是中间那位阿方斯。

从这四个方面研究玉米的起源，证据都指向了美洲的墨西哥。其中语文学证据很有趣。在美洲，当地人用一个独特的名字称呼玉米，甚至对其每个部分，都有对应的独特名称。而世界上别的地方称玉米的词语并不专用，比如在英语中，玉米这个词"corn"，也用来称呼所有谷类，还经常用来称呼小麦。在欧洲的一些地方，玉米被称作埃及高粱、印度小麦、土耳其稻谷、西班牙小麦等。带有限定词的描述，透露出玉米是异域的东西。

用玉米造酒，已不是新闻，墨西哥人一直用它造玉米威士忌。随着石油危机的到来，政治家和科学家早就在打玉米的主意，用它生产可燃液体乙醇，供汽车等动力装置使用。最近美国计划把所生产的30％的玉米转化为乙醇燃料，这样做似乎减少了对石油的依赖，但也将导致全球范围玉米和饲料价格的上涨。"生物质能源"最近被吹得很响，不能说一点道理没有，但问题确实不能忽视。首先，用玉米生产燃料目前看很不划算，约3吨多玉米能生产1吨乙醇，如果没有政府补贴，做这种"转化"是赔本生意。更大的问题是，更多的玉米需求势必加重土地的负担和化肥、除草剂的用量，从而给人类生存环境带来更多的问题。如果人类不改变工业化以来的生活方式，欲望的口子越开越大，玉米再有本事，最终也帮不了忙。

在长期的演化过程中，玉米与人类已经无法分开，在野生状态下它已经无法存续。就目前的情况，可以预言，当人类灭亡后，玉米也将灭亡。

随着遗传学和分子生物学的发展，越来越多的生物公司在重新打玉米的主意：通过转基因技术，一方面提高玉米的产量、品质，另一方面通过专利保护攫取大自然的资源、攫取人类共享的种子资源。第一阶段，大公司们像微软公司一样展示了自己的"大度"，睁一只眼闭一只眼，默许人们"盗版"（未付专利费而种植植物的种子），但是过了若干年，人们发现，大家不得不依赖于某些大公司，因为其他可能性已经被消灭了，农民除了种大公司的种子，已无其他种子可用。《失窃的收成》讲的就是这类故事。关于玉米在全世界的传播，墨西哥人类学家瓦尔曼（Arturo Warman, 1937—2003）有一本不错的书《玉米与资本主义》。2009年上映的电视片《食品公司》也值得一看。

成熟的玉米棒子，籽粒为颖果，金黄色。摄于北京密云水库。

上左图：玉米雌蕊细长的花柱像少女的头发，根部包裹在鞘状的苞片中。

上右图：雄性圆锥花序，雄性小穗孪生。摄于北京十渡。

下左图：玉米茎的支持根。摄于北京昌平虎峪。

下右图：云南玉米种子种到北京后，徒长茎叶。摄于北京昌平虎峪。

左图：北京冬日里的玉米秸秆。
右图：云南丽江泸沽湖纳西族多吉家里的玉米。

可观亦可食的翅果菊

今天是2009年9月22日。几只鸥鸟在秋日的密云水库南岸悠闲地低空飞翔，另有数百只或白或灰的涉禽在平静的湖滨沙滩晒着太阳，可惜我叫不出名字。湖边的作物已经悄悄地变换着颜色。苞米秆长出了沉甸甸的棒子，粟秆长出了粗棕绳般的谷穗，这些果实一律谦虚地垂着脑袋。落花生早已收获，偶尔遗漏的种子提前半年发了芽，从整洁的泥土里伸出两片胖胖的子叶。绿豆和向日葵还呈绿色，一矮一高围着玉米田。耕地边上与绿豆高度相仿、褐中透绿的豆茶决明，披着残存的几片绿色羽状叶，茎上已结出一排排豆荚。捻开豆荚，能看到直径两毫米左右的明亮的小豆子。而最抓眼球的是农田外面野地里一片片与蓝天相映的白色狗娃花。

在近距离拍摄狗娃花时，我看到了零星几朵淡黄色的小花架在接近枯萎的花枝上。年初冬日的一个下午，我和吴国盛在这附近溜达时见过这种菊科植物，高达1.5米的枯茎上部是巨大的总花序，总花序有许多分支，末端是菊科典型的头状花序，其上瘦果大部分已飘落。当时我们在云湖度假村开会，抽时间到湖边瞧了瞧。这次我到中航大学讲课，提前到达，有1个小时的自由活动时间，独自一人来到湖边，有机会再次与它相遇。这种植物就是菊科的翅果菊（*Lactuca indica*）。在老家东北，人们都称它燕尾（东北长白山一带叫法，方言读作"燕椅"）。过去，植物志中经常称它山莴苣，也曾称它多裂翅果菊。如今，山莴苣指开紫花的 *Lactuca sibirica*。

翅果菊非常普通，极为常见，根本无须到密云水库就能看到。北京大学、清华大学、北京师范大学校园里，圆明园里，永丰高科技园区里，北京各区县，乃至除了西北以外，全国各地都能见到这种植物！在春秋两季，这种植物最能引起人们的注意。

春天，它披着浓密裂叶的茁壮嫩苗，与周围草本植物区别很大。它粗而直的茎秆上叶片非常多，靠近尖端的嫩茎折断后，会立即冒出白色发黏的液体，在空气中氧化后迅速变黄变黑。滴到手上、衣物上，单纯是它自己还没关系，倘若再弄上一点泥土，就有点麻烦了，想洗掉是比较困难的。这种白浆有一点苦味，许多菊科草本植物都有这种白浆，除了莴苣属以外，苦苣菜属（Sonchus）、苦荬菜属（Ixeris）的植物也一样。不过，正是这样一种淡淡的苦味，使它们吃起来别有风味。事实上翅果菊是一种非常好的野菜，而且吃这种野菜基本上不会破坏生态，因为它分布十分广泛，种子多，植株生长能力、繁殖力很强。在写过薤白这种野菜后，不断有人问在北京还有哪些野菜。由朱元璋第五子朱橚撰写的《救荒本草》收载植物400多种，并"绘图疏之"。北京地区可食的野菜少说也有200种。但是"保健养生"与"救荒活命"不能相提并论，加上如今生态保护的限制，在此不宜轻易推荐。但翅果菊没问题。

作为一种可口的野菜，翅果菊最简单的做法是：取鲜嫩的茎尖，包括叶，用开水焯3分钟，用清水冲洗，再浸泡5小时，去掉一些苦味，然后可凉拌、做汤或炒食。注意城市里生长的翅果菊尽量不要食用，因为污染严重。

春天的时候，在野外你可以挖几株翅果菊回来，或养在花盆里或栽在户外。刚长出来时，你会发现它有一个锥形的肉质根，这表明它是很容易成活的。如果不想严重影响它生长的话，可以像吃生菜一样，每次只取茎下部的叶片来食用，一边长一边吃。到后来，你还能欣赏到它开出的美丽小花。

翅果菊的嫩苗，摄于清华大学。

品尝栝楼

　　1984年，我入北京大学读本科时，校医院就在校园的西南侧，如今，却马上就要动迁了。20多年来，多多少少与校医院也打过一些交道，比如每年的体检，但我对医院没什么记忆。最近惦记着即将到来的搬迁，原因仅与一株栝楼有关。多年来，它长在校医院北侧小门口，与药膳房相连处，靠近西墙根。我曾多次为高高吊在两房之间的一串串果实拍照，并带学生参观过它美丽、稍纵即逝的白色花朵。

　　栝楼（*Trichosanthes kirilowii*）是一种相当特别的葫芦科栝楼属植物，此属植物全世界约50种，中国有34种和6个变种。此属，云南分布着许多好看的特有种。

　　第一，栝楼的名字很有意思。"栝"字读作"瓜"，实际上也与瓜有关，植物学上它们都属于葫芦科。它还有许多别名，一口气就能说出十多个，如瓜楼、瓜蒌、天瓜、吊瓜、黄瓜、药瓜、栝楼蛋、果裸、王菩、地楼、王白、泽巨、泽冶、泽姑、天圆子、柿瓜、野苦瓜、狗苦瓜、杜瓜、大肚瓜、鸭屎瓜、山金匏、大圆瓜等。当然这些名字并非都指向一个特定的种，同属内的许多植物都可以叫这样的名字。我个人给栝楼也起了名：不倒翁。以前好像在博客上讲过理由：它成熟的果瓤含糖量高、黏性大，脱水后体积变小，把籽粒黏成一小团，重重地压在果实的底部。这样一来，任凭用手拨动果实，它总是迅速复位。因这一特性，可把它开发为孩子的玩具！用它当土制的保龄球，应当不错，想打倒它不那么容易！

第二，它是多年生的草质藤本植物，根肥大，藤蔓、花、果都极具观赏性。作为观赏植物，多年生有个好处，种一次就行了，每年都可以欣赏。在北方，多年生的葫芦科植物不多，据我所知还有假贝母（土贝母）和赤瓟，引进种有喷瓜、臭瓜、木鳖等。假贝母和赤瓟在北京凤凰岭一带常见。栝楼果实成熟后变黄，但果蒂非常结实，与茎牢牢相连，数年后也不会掉下来。瓜蒂的纵切面呈放射状。《中国花经》收有此植物，印证它算作观赏花卉之一。

第三，栝楼全身都是宝，根、果皮、种子均可入药。其根可加工为天花粉，果入药称栝楼实，果皮入药称栝楼皮，种子入药称栝楼仁。

中国古人早就钻研过栝楼，《古今图书集成·博物汇编·草木典》中专门有"栝楼部汇考"，篇幅相当可观。有名字考证，"栝楼根考"、"栝楼粉"和"救饥"介绍，更有大篇幅的栝楼药方。在最末的"栝楼部纪事"中还讲了用栝楼美容："燕地女子，冬月用苦蒌涂面，谓之佛妆。但皆傅而不洗，至春暖方涤去，久不为风日所侵，故洁白如玉也。"敢情，中国古人早就有水果面膜之类东西！不过，一冬天不洗脸，只为了个美白，是否值得？这种美容术见于宋人张舜民的《使辽录》和宋人庄绰的《鸡肋编》。北宋状元、官员彭汝砺（1041—1059）还为此写诗："有女夭夭称细娘，真珠络髻面涂黄，南人见怪疑为瘴，墨吏矜夸是佛妆。"细娘，美女的意思；面涂黄，即用栝楼瓤、栝楼汁敷面，可能相当于现在的水果面膜。

我多年前就开始试种栝楼，但一直长得不好，只结过两个果。2009

年有突破，葡萄架旁肥沃土壤上的一株，竟然一口气结了11个果实，让我高兴了大半年。

2009年11月1日，华北下了一场罕见的大雪。那天早上我还在保定上课，中午没吃饭，顶着大雪驾车从保定回北京。没回家，由五环路上京昌高速，直接去了我在昌平的"耕读园"，为的是在第二天上冻前把紫薯起出来。我惊喜地发现，葡萄架上变黄的栝楼在雪中是那样的好看。秧子（瓜藤）已蔫，果实已成熟，此时栝楼大概不会觉得冷吧。我却觉得冷，哆哆嗦嗦拍了几张瓜照，照片贴在博客上，竟引来赞叹。两周过后，我才用果树剪子剪下三只栝楼。果皮已变软，有弹性，按下后还能弹回。剖开一只拍摄内部构造。果肉或者说瓜瓤颇像熟透的杧果，泛着浓浓的甜水，瞧着就想品尝。终于忍不住，舔了一小口，简直是美味，甘甜如蜜。接着，吃了大半个，当然要把籽吐出来。籽粒并不特别，与一般的南瓜子类似，只是颜色呈褐灰色，而不是白色。

渐渐地，我觉得舌头发麻，边缘和前部有烧灼感，但嘴里还能感受到无尽的甘甜味。我觉得不太妙，瓜瓤中一定还有别的特别物质！一切都晚了。漱口，稍缓解，但不能根本上解决问题。再吃苹果，算是好招，舌头的疼痛变轻。五小时后，仍然能够感受到栝楼瓤的刺激。不过，回想起来，品尝一下还是值得的。我推荐胆大者试一试。也许稍尝一点点，利大于弊。

古书上说，栝楼的根经过复杂的加工（仅水浸就要四五日，捣烂后还要过滤二十余遍），可以做煎饼。另外还提到"栝楼瓤煮粥食极甘"。前者，我无法尝试。到现在为止，我还不曾亲自采挖过栝楼，新鲜的根究竟啥样，我也不知道。我种的栝楼数量太少，舍不得挖。后者我倒是试验了。汲取上次的教训，只取了四分之一瓜瓤，与一小杯大米同煮。闻起来不错，颜色也好，吃起来竟是苦的。实话说，有淡淡苦味的米粥还是挺好喝的。我不太清楚的是，为何极甜的瓜瓤煮出来就变苦了。也许，如同香与臭，苦与甜也是一种连续谱。也可能我碰上的是例外，要下定论，还得做可重复性试验，再次考验我的舌头！

　　我也尝了栝楼的瓜子仁，略带苦味，跟北京大学新引进的忍冬科毛核木果肉味道相似。

栝楼种子。

雪中的栝楼果实。

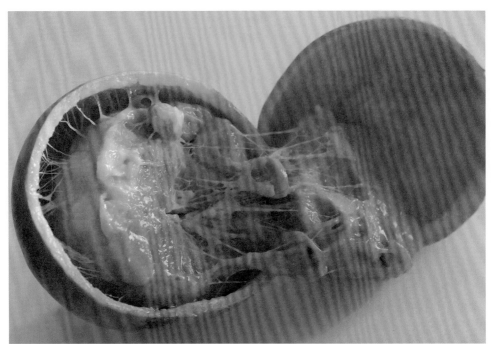

上图：栝楼果实剖开，果瓤汁多甘甜，但杀舌头。 下图：葫芦科木鳖，摄于广西南宁。

葫芦科假贝母。多年生攀缘草本。鳞茎入药，可消肿解毒。摄于北京凤凰岭。

鸡屎藤入侵北京

生物入侵，最近几年媒体时有报道，一般指有意或无意引进的外源物种，比如水葫芦（凤眼莲）、紫茎泽兰（破坏草，*Ageratina adenophora*）等可怕的植物。在本地野生环境下过度繁殖而导致某种生态问题。不过，北京冬天较冷，这两种植物即使夏季玩命繁殖，在野外环境下也过不了冬，所以完全不必担心。不过，我倒是发现一种植物比较可怕，但还未见专家提醒。

这种植物就是茜草科的普通植物鸡屎藤（*Paederia foetida*）。鸡屎藤属的植物全世界有20~30种，中国有11种和1个变种。据《中国植物志》，它们主要分布在西南、中南至东部。鸡屎藤这个名字比较怪异，从字面已无从判断其含义。其实它的俗名有牛皮冻、女青、解暑藤和鸡矢藤。"鸡矢藤"是由"鸡屎藤"转字而来的。这种命名方式在植物学界很常见，如忍冬科有一种可爱的植物叫"苦糖果"，它是郁香忍冬的一个亚种。是因为它含苦糖素（一种生物杀菌剂）吗？非也。我在秦岭的佛坪见到并吃过这种味道不错的果实，当地人叫它"裤裆果"。看看下一页的图片就知道劳动人民的叫法很合理，它的外形极像充了气的短裤！

有些植物名字在学者看来可能不雅，于是在写书的时候进行了修改。"苦糖果"这个名字与果实的形状已没有直接联系，对读者来说损失了一项重要信息。鸡屎藤这一名字是有道理的，它的茎叶揉搓后能产生类似鸡屎的强烈臭味。博物学除了重视拉丁名和标准命名外，对所有

上图：苦糖果的果实，其名字来自"裤裆果"，很形象吧？
下图：鸡屎藤在北京野地里能够快速繁殖，它的茎左旋。

鸡屎藤的左旋茎缠绕在榆叶梅枝头，摄于北京市植物园。这一株并非有意种植，而是逸生的。

俗名也感兴趣，因为一切名字都包含了知识、智慧，特别是文化传统。

鸡屎藤的可怕之处当然不是它的气味，而是它生长旺盛、繁殖迅速。以前，它主要生长在南方，我国河北、北京、天津、东北自然条件下均没有这种东西。据《中国植物志》，北方只有陕西、甘肃、山东才有生长，而现在这种植物在北京的野生环境中已经很常见，比如中国科学院香山植物园、北京药用植物园、北京植物园、卧佛寺一带的山坡上及高校校园中。

《北京植物志》1984年修订版没有收录此植物，1992年补编（见下册第1500页）中才收录，产地说明为："广泛分布于长江流域以南各省、区。北京紫竹院见有逸生者。"经过多年的观察并查对了一些材料，我做出如下判断：鸡屎藤原来生长在南方，一点一点北上，在最近20多年中才在北京落户，并迅速成为一种有害的入侵植物。

鸡屎藤在紫竹院逸生，很可能是由从南方移植竹子引起的。据我观察，这种植物在南方竹林中很常见。另外，可以确证，北京西三旗育新花园的多株鸡屎藤是随移栽的冬青卫矛一起落户的。

据我栽种鸡屎藤的经验，这种植物极易成活，只要把一段根或茎压上土，不久它就能长起来了。另外它结的种子非常多。可以预见，用不了多久，这种植物在北京会泛滥开来，而且还会继续北上。顺便一提，鸡屎藤的茎是左手性的，我也正好因为长期关注植物手性，才锁定了这种普通植物。左手性的植物相对很少，我只找到二十几种。

如果说鸡屎藤是无意间溜进北京的，那么漆树科的火炬树则是园林部门有意引进的。

生态杀手黄顶菊

　　菊科是一个大"科"，成员众多。生态入侵植物中菊科闹得挺凶，我听说过的就有紫茎泽兰、加拿大一枝黄花、豚草、三裂叶豚草、薇甘菊、黄顶菊、假臭草、飞机草、假苍耳等。

　　前五种我早就见过。其中印象最深刻的要算紫茎泽兰，最先是在云南景东无量山的盘山公路上发现。那里人烟稀少，但窄窄的小路两侧已经被它占满。后来在云南普洱地区、贵州、四川、广东等地也多次见到过这种来自墨西哥的有害植物。西双版纳植物园的研究员冯玉龙等人的研究表明，本来有100多种本地植物的一地块，紫茎泽兰侵入后，本地植物数量只剩下10多种了。冯先生在《美国科学院院刊》（*PNAS*）上的论文还指出，入侵植物进入没有天敌的环境后，在繁殖、

紫茎泽兰，摄于云南无量山。

演化过程中，细胞壁无须长得很结实以抵御天敌。它们会降低细胞壁中氮的含量，把更多的氮用于进行光合作用，从而使植株长得更高大。

（《北京科技报》2009年2月23日，第36页）

不过，在我的印象中，紫茎泽兰对中国北方影响不大，在北方的野外我甚至从未见到过这种植物。也许是因为我们这里较冷，它们过不了冬。真正威胁中国北方生态的要算来自南美洲的黄顶菊（*Flaveria bidentis*）。2006年，有报道称河北省7个地市发现黄顶菊，"发生面积约30万亩，侵入农田5万亩"，"一株黄顶菊大概能开1200多朵花，每朵花能结出上百粒种子。因此如果一株黄顶菊完成一次开花、结籽，就能产十几万粒种子"。一时间，黄顶菊造成了一定的恐慌。报道称，北京专家专程赴河北考察，部署监测工作，并在全市普查黄顶菊。"今年留下一株，明年可能就是上万株！"后来，有一次石家庄市民张先生称他居住的小区生长着一种植物看上去像生态杀手黄顶菊，但后经专家鉴定只是没有危害的辣子草。

2008年10月11日，我在保定河北大学新校区给新闻传播学院的学生上课，巧遇了大名鼎鼎的黄顶菊。

那天下午，我提前来到漂亮的新闻传播学院教学楼前，拿着相机在校园荒地上习惯性地拍些植物，突然看到一株从来没有见过的植物：叶对生，叶上三条脉十分清晰，头状花序上的黄花正在开放。凭我的一点点植物知识，断定是菊科植物。在周围仔细找了一下，植株并不算多，不超过十株。回北京后才查到它竟然是黄顶菊。那天拍摄时，相机恰好装上了土制的GPS，校园中黄顶菊出现的准确坐标为：东经115°33'36"，

上图：河北大学内野生的黄顶菊。

下图：黄顶菊细部图，一只膜翅目昆虫正在为它传粉。

北纬38°52'91"。依着它的习性，估计用不了多久，北京也会见到这种入侵物种。

黄顶菊是如何传到中国的？目前尚不清楚。有一份资料中说："不能排除因国内学者在合作研究过程中为了取样方便而引种，试验结束后由于疏于管理而使之逃逸，建立了野外种群的可能。"如果是这样的话，相关科学家就要权衡一下，是不是得不偿失?

一年后的2009年11月，我和刘兵再次到河北大学上"科学文化与科学传播"课，特意到去年发现黄顶菊的地点察看。原地上的杂草已经被清理得干干净净，似乎要盖房子。在不远处仔细寻找，共发现约15株，分布在长约50米的长条形区域，靠近围墙。有的刚开花，有的还没开花。

不出所料，几年后，北京多处发现黄顶菊。2019年8月16日，我在北京大学校园办公楼北侧路边看到一株黄顶菊，告诉生命科学学院的师生将它采集并制作标本。这算北京大学校园首次记录黄顶菊。

京北五花草甸的金莲花

许多高山顶部都有毛茛科的金莲花（*Trollius chinensis*）。如果体力不好，无法登山，就无法欣赏了。

不过，在华北一带，观赏金莲花还有一个特别的地方：河北沽源的"五花草甸"，美丽的金莲花竟然就大片分布于平坦的马路边上！

过去，描写花的句子有："水仙冰肌玉骨，牡丹国色天香，玉树亭亭阶砌，金莲冉冉池塘。"其中提到"金莲"，指的是睡莲科的一种荷花，其实荷花通常不大可能是金色的。而我们这里的"金莲花"颜色的确是金黄色的，它是毛茛科的植物，与荷花根本不在一个科。

金莲花为多年生草本植物，株高50~80厘米。苞片3裂，萼片10~15片，花瓣18~21个，狭线形。心皮15~25。蓇葖果。

金莲花生长在高山上，而荷花生长在水中。北京百花山、东灵山、雾灵山、喇叭沟门孙栅子、海陀山都有金莲花，它通常以野生形式存在，很难驯化。但最近几年，张家口市已经有若干地方开始栽种。

金莲花大片生长才壮观，吉林长白山西坡的金莲花是我看到过的最美的金莲花，在北京附近只有到河北沽源的"五花草甸"才能欣赏到万亩金莲花。五花草甸虽海拔较高（1430米），但极为平坦，有优质省道通过。7月中旬是观赏金莲花的最佳时节。

金莲花味苦，性寒，清热解毒。可治上感、扁桃体炎、咽炎、急性中耳炎、急性鼓膜炎、急性结膜炎、急性淋巴管炎、口疮、疔疮。治慢性扁桃体炎：金莲花一钱，开水泡，当茶常喝。用透明的杯子泡金莲花，还可以欣赏到舒展后的花姿，与原样差别不很大。注意，一杯中一次只放一朵或者两朵就足够了。现在市场上常有干金莲花出售，但质量无法保证。过度采集金莲花，影响了它的繁殖，也给高山草甸生态带来影响。在保护区是禁止采集金莲花的。

我也尝试过用金莲花泡水喝，坦率说感觉不好。本来嗓子轻微不舒服，喝过后反而更加不舒服。也许是个例。

五花草甸中，与金莲花相映成趣的是开蓝花的长柱韭（*Allium longistylum*），一种百合科葱属植物。在草丛中偶尔还能找到菊科的莲座蓟（*Cirsium esculentum*）。顾名思义，它的基生叶莲座状。植株、花序也很矮，平视是看不到它的。

顺便提及，有关部门看中五花草甸，把它改造成收费景点。收点钱没关系，问题是并没有更好地保护金莲花。草甸中人为架设了若干通道，游客也偶尔走进花海中拍照。

从沽源继续北上，向西北方向走，就进入内蒙古地界，不久就可以到太仆寺旗。再向东北方向，走207国道可达锡林浩特市。从那里再到克什克腾旗就很方便了，克什克腾旗地处大兴安岭南端，山上植物极为丰富。从经棚（克旗主城区）向东北方向走303国道，在热水塘镇铁道口前左转，沿新修的高质量公路上山，可到黄岗梁自然保护区。这里是绝不会让植物爱好者失望的。

金莲花。

上图：长柱韭。　下图：莲座蓟。

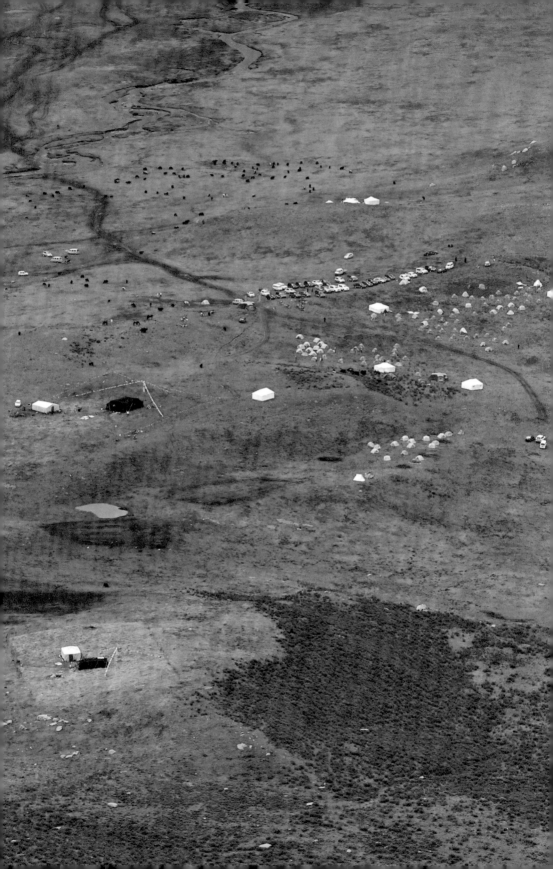

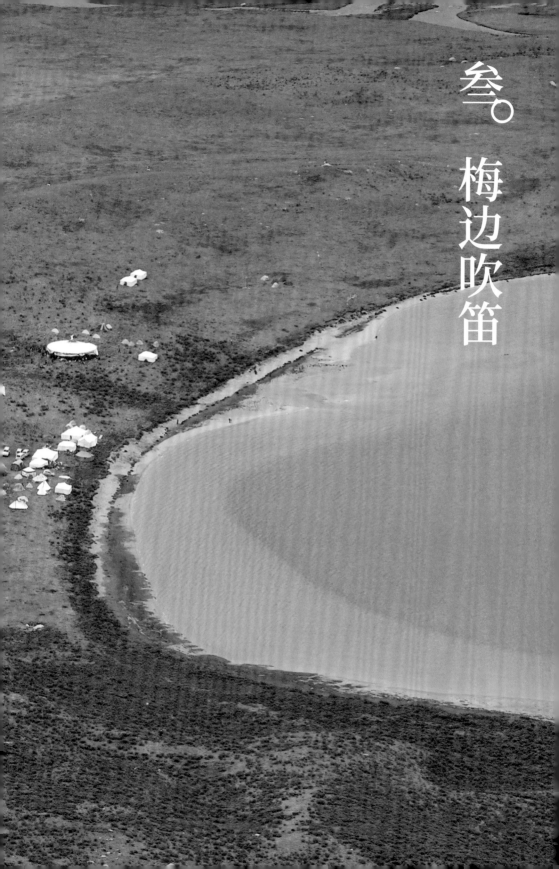

叁。

梅边吹笛

玫瑰的小秘密

每个人即使没有收到过玫瑰，恐怕也送出过玫瑰。也就是说，人们对玫瑰并不陌生。我有一个小园子，园中栽种了至少3个品种的玫瑰，我看过、修剪过的玫瑰不计其数，应当算是比较了解这种植物。不过，当我翻译《玫瑰之吻：花的博物学》一书时，发现事情并不是这样。

《玫瑰之吻：花的博物学》一书中有一个植物谜语："在夏季的某一天，天气酷热，五个兄弟同时降生。其中两位长有胡须，两位没长胡须，剩下的一位很特别，一侧有胡须，另一侧却没有胡须。"谜底正是蔷薇科蔷薇属（*Rosa*）植物玫瑰的花萼。

玫瑰花是完备花，它拥有花朵的全套器官。花萼、花瓣、雄蕊和心皮这4种东西它都有。有的花朵部件并没有这么全，比如有的没有独立的花萼。

"花萼"的英文词calyx来自希腊语，指外壳或者外封。花萼处在花朵的外围，作为护套，保护着内部的花器官。玫瑰的花萼与叶片颜色一样，呈绿色。如果不出意外，玫瑰的花萼通常有5片萼片，这一点你可能早就注意到了。

这5片萼片有何不同？看下页图就会一目了然。玫瑰的5片萼片可以分为三组：第一组包括模样相同的两片，三角形的萼片两侧光滑，没有附属物；第二组包括模样相同的两片，三角形萼片两侧均有"小翅膀"；第三组只剩下一片，它长得跟谁都不一样，一侧有"翅"，另一侧无"翅"！

上图：我园中栽种的一种散发浓烈香味的玫瑰。

下左图：玫瑰的花萼。注意5片萼片之间的细微差异。

下右图：玫瑰的萼片通常是5片，但有的也会出点差错，比如这一朵就有6片。

有人可能怀疑，是不是故意找来这样一枝玫瑰来编出所谓的秘密？这件事的确有些怪异，但它是真的。不信的话，你可以到花店多购买一些玫瑰，并且多购买几种，红色、粉红色、黄色、蓝色各买一些，拿起来看看花下部的萼片以验证是否如上所述。我第一次得知此秘密后，马上到了花店，观察了四五种玫瑰花，完全验证了这个秘密。我问卖花的女孩，没有一个知道这个秘密的。起初她们还不信，核对数枝后，她们才又点头又摇头地嘟囔："真奇怪。"

　　现象确认了，接着就是说明为什么会如此。这个就比较困难了。可以初步回答如下：现在的栽培玫瑰在园艺实践中有着共同的套路，尽管品种多样，都包含犬牙蔷薇的基因，而犬牙蔷薇的萼片原来就具有这种结构。你发现，此时只是把问题后移了一步。再追问：犬牙蔷薇为何如此？坦率说，我们不知道犬牙蔷薇当初怎么就具有了这般结构。如果硬要回答，可以猜测，它是大自然长期演化的结果。

　　下次送出玫瑰或收到玫瑰，你不妨向朋友显摆一下你的博物学知识，考考他是否知道这个小秘密。另外，别忘了，人们俗称的"玫瑰"，植物学家或者园丁通常称它为"月季"。在他们眼中，"玫瑰"指同科同属的另一种植物。某种意义上，蔷薇科蔷薇属的多种花卉都可以称作玫瑰。

上图：伯恩哈特的书《玫瑰之吻：花的博物学》与一枝玫瑰（月季）。此照片2009年12月18日摄于北京出版集团第12层。

下图：这才是真正的"玫瑰"。2010年5月22日摄于北京大学生物楼东北角道路三角地。在北京，这种真正的玫瑰在妙峰山有大片栽培。这种植物的花用糖腌渍后，常用来做馅。

泰戈尔诗中的瞻卜花

印度诗人、哲学家泰戈尔（Rabindranath Tagore，1861—1941）的诗用词朴实，意境深远、高妙。读惠特曼（Walt Whitman，1819—1892），知道什么是奔放，读泰戈尔才知道什么叫智慧。

泰戈尔诗集《新月集》中有一首飘逸、清新的小诗"The Champa Flower"，中文翻译已经入选中国的中学课本。我们那时候肯定没有学过，但读高一的女儿证实，确实早就学过这首诗。此诗前几句为：

Supposing I became a champa flower，just for fun, and grew on a branch high up that tree，and shook in the wind with laughter and danced upon the newly budded leaves，would you know me，mother？

You would call，"Baby，where are you?" and I should laugh to myself and keep quite quiet.

I should slyly open my petals and watch you at your work.

When after your bath，with wet hair spread on your shoulders，you walked through the shadow of the champa tree to the little court where you say your prayers，you would notice the scent of the flower，but not know that it came from me.

文学史家郑振铎（1898—1958）的翻译如下：

假如我变了一朵金色花，只是为了好玩，长在那棵树的高枝上，笑哈哈地在空中摇摆，又在新生的树叶上跳舞，妈妈，你会认识我吗？

你要是叫道："孩子，你在哪里呀？"我暗暗地在那里匿笑，却一声儿不响。

我要悄悄地开放花瓣儿，看着你工作。

当你沐浴后，湿发披在两肩，穿过金色花的林荫，走到做祷告的小庭院时，你会嗅到这花香，却不知道这香气是从我身上来的。

诗中的champa flower和champa tree指的是什么？多种中译本把它译成金色花，并认为也可译作金盏花。郑振铎译本为此还加了一个注："印度圣树，木兰花属植物，开金黄色碎花。译名亦作'瞻波伽'或者'占博迦'。"

需要补充的一点是，作为地名的Champa，在中国古代称占城或林邑。

泰戈尔另一首诗"商人"（The Merchant）中再次出现champa字样：

Mother, do you want heaps and heaps of gold?

There, by the banks of golden streams, fields are full of golden harvest.

And in the shade of the forest path the golden *champa* flowers drop on the ground.

I will gather them all for you in many hundred baskets.

这些诗都是泰戈尔亲自翻译成英文的，其中出现的植物名词应当是准确的，不大可能是泛指，可能特指某种在印度常见的，或许有一定宗教含义的植物。

泰戈尔诗中透露的信息表明，此植物为木本，花金黄色，有香味，此树能形成树荫。这种树多次被写进诗歌，它在印度一定很常见。

查一些英语文献，可以初步锁定如下两类植物：

（1）夹竹桃科的鸡蛋花或白鸡蛋花。原产于墨西哥，如今热带地区广为栽种。

（2）木兰科的黄兰含笑（*Michelia champaca*），也称黄玉兰、黄缅桂。印度、尼泊尔、越南、缅甸、中国均有分布。

比较而言，后者可能性较大，理由有四：第一，从原产地看，上述两类植物都与宗教有关，泰戈尔借用外来物种来写诗的可能性小些。第二，从树形上看，前者叶较少，经常呈"光棍"模样，这与诗中的描述有距离。而黄兰含笑是高大乔木，枝叶繁茂，有极香的金黄色的披针形花被片，花被片达10~20片。第三，从俗名上看，黄兰含笑被称作champaca、champak、champac、champa、cempaka、sampangi、sampige、shamba等，这一点已经"固定"在黄兰含笑学名的种加词中。第四，综合《佛教的植物》等材料，瞻卜花（梵文campaka puspa，巴利文campaka-puppha，藏文tsam-pa-ka），也译作金色花树、黄花树、占波、占匐、占博迦、瞻博花、旃簸迦、瞻卜华、瞻卜树等。《玄应音义》《摄大乘论释》《中阿含经》《维摩诘经》《出曜经》《大方等大集经》《正法念处经》《众经撰杂譬喻》等作品中，都描述过这种植物（《佛教的植物》，中国社会科学出版社，2003年，第133—138页）。

2009年夏，从湖南新宁到广西桂林，我在雁山区的植物园见到了黄兰含笑，那树干和枝叶、那花的味道、那浑圆神秘的果实，皆显神圣。在那一时刻，我断定champa指的就是黄兰含笑！绿叶中娇小但散发着浓香的黄兰含笑花，是婴孩、是神、是佛的象征。

黄兰含笑是木兰科含笑属植物。回头再看郑振铎译本的脚注，有两点需要注记：第一，它不是木兰花属，而是含笑属。第二，此植物名似乎可译成"占波"或"占婆"，这容易与东南亚的古国之一占婆（波）联系起来。这样联系也有一定道理，今越南中南部的占婆古国之居民多来自印度的占族人，曾信仰婆罗门教。

将"champa flower"译成中文"金色花"，是准确的，但显得有点泛。翻译有若干选择：占婆花、黄兰含笑、瞻卜花，各有优缺点。

我顺便在网上看了一些关于这首诗的免费"教案"。教案面面俱到，设计得实在不能再细了。但实话说，我不是很满意。原因在于，我觉得没有理解泰戈尔。把泰戈尔的这首诗仅仅解释成母子之情，太小瞧诗人的境界了。

诗中的"小孩儿"可不是一般"人物"，似人似神，既有孩子之顽皮、纯真的特点，也有神之虚幻、神秘的成分。这可能与泰戈尔的哲学、宗教观念有内在关联。

诗中的母亲与孩子的关系，也是人与神的关系。神不是"父"，而是"子"，这是东方人的智慧。如今，对于人敬奉神，人们似乎皆理解；但人们反而不理解大千世界的一切都源于神："You would notice the scent of the flower, but not know that it came from me."

泰戈尔写道："这树的颤动之叶，触动着我的心，像一个婴儿的手指。"

台湾文化名人李敖说,读泰戈尔的诗,如醍醐灌顶、茅塞顿开。信夫。

上图：黄兰含笑的叶，摄于广西桂林。　中图：黄兰含笑的花。

下图：黄兰含笑的果。

《诗经》中的"萧"

《诗经·王风·采葛》曾生动地描绘时间的相对性："彼采葛兮，一日不见，如三月兮！彼采萧兮，一日不见，如三秋兮！彼采艾兮，一日不见，如三岁兮！"月、秋、岁分别表示三种时间周期，秋介于月和年之间，大约相当于"季"。

古代文人对此诗有多种高深的解释，如"惧谗说""淫奔说"等。我觉得还是高亨说得平实而靠谱："这是一首劳动人民的恋歌，它写男子对于采葛、采萧、采艾的女子，怀着无限的热爱。"恋爱中的青年人因思念之深，"未久而似久也"。

诗中提到葛、萧、艾，除第二个名字萧外，另两种基本清楚，葛（*Pueraria lobata*）为豆科葛属藤本植物，艾（*Artemisia argyi*）为菊科蒿属植物，已有共识。那么萧指什么呢？历代注释基本上认定它与艾同义，这不能令人满意。古人会那么傻？

合理的猜测是，上述三个名字分别指三种不同的植物。《诗经》有广泛的民间基础，葛、萧、艾，对于当时农耕文明下的百姓来说，应当人人都知道它们指称什么，不大可能混淆。特别是，在诗歌中不大可能用两个名字指称一种植物。就像今天人们在一首诗中不可能将大豆、玉米、苞米并称一样。苞米实际上就是玉米。

进一步猜测，这三个名字应当对应三种在当时有代表性的不同植物，它们在古人的生活中各自扮演不可替代的角色。

通常的注解说，萧也指与艾类似的蒿草，或者与艾同义。据《说文》："萧，艾蒿也。"《词源》也是这样讲的："萧，植物名。蒿类。"即艾蒿。这可能深受后来的双音词"萧艾"（指蒿草，不值钱的野草，喻不肖或不才）的影响。《康熙字典》也从"萧艾"讲起，不过，词典加了一个"疏"："今人所谓荻（dí）蒿者是也。《礼·郊特牲》：萧合黍稷，臭阳达于墙屋。"这条"疏"透露出重要的信息，萧可能与禾本科的荻有关！依此推测，"萧斧"，当不是"芟艾之斧也"，而是"芟荻之斧也"。清人段玉裁在《说文解字注》中提到：陆机（261—303）曾认为萧指"萩蒿"，而许慎（约58—约147）的解释"艾蒿"是错的。据《说文》：萩（qiú），萧也。《尔雅·释草》：萧，萩。在《康熙字典》和《尔雅》的不同版本中，"萩"也写作"荻"。因此可以推断：萧，即萩，即荻。

从带有这两个字的若干词组的用法中可猜测到，古人曾将这种植物用于建房子或院墙。

这使我想起小时候北方农村割"苫（shàn）房草"用来苫房子的经历。那时很少有瓦房，多数人家的房子都是草房，草苫在房顶用来避雨或保温。2010年，我在英格兰南部乡村仍然见到许多草房，显然不是当地人盖不起瓦房，而是觉得草房有其优点。在东北，所谓的"苫房草"，主要就是禾本科的荻（*Miscanthus sacchariflorus*）。此种植物在东北、华北、西北、华东都有分布。刘兵的著作《像风一样》扉页上的背景照片就是荻。在北京，与荻很相似的植物是芒（*Miscanthus sinense*）。芒花序中第二外稃具芒，而荻没有芒，只有丝状柔毛。

荻与竹子、芦苇等有相似之处，茎间有节。荻在秋季收割，去掉花序，将茎叶用铡刀切成半米长，一层一层铺在房子的坡面上。如果铺得结实厚重，不惧雨雪，三五年内不用更换。

小结一下，《采葛》诗中提到的三种植物与日常生活密切相关。葛，也称野葛，与"食"有关，葛根富含淀粉，自古以来就是美食；萧与"住"有关，可用来苫房子或者垒墙；艾，也称艾蒿、冰台，与"医"有关，可用来熏蒸消毒或驱蚊。食、住、医当然都是生活中最基本的事情。

据我所知，在现代社会从未有人明确认定萧即荻，我的看法也只是一种猜测，还需要更多的材料佐证。

北京昌平虎峪深秋季节的荻。

菊科艾。

上图：荻之茎叶局部放大图。　下图：豆科葛。

松果鳞盾的排列

2010年2月16日，大年初三。开车兜风，在北京周边逆时针旋转约170千米，翻越两座山岭。路面优质，几乎没别的车，开起来格外自在。

一路上最惹人注意的是蔷薇科楸子（*Malus prunifolia*），其次是杏、核桃。楸子，也叫海棠果，其树干很粗，大者直径过半米。枝上依然有许多暗红色的果子，直径18毫米左右，果柄长26毫米左右。吃了几个，味道还好。果子不是干的，软而面，略带沙，处于半发酵状态。

在翻越第一座岭到达"鞍点"时，停下车休息并观光。岭北侧有楸子数十棵，估计至少有30年树龄。岭南侧沉积了厚达20多米的黄土，估计是风成的。近马路一侧黄土被大量挖掘，留下立面，顶上仍残存两株老楸子树，样子很像媒体报道中难拆迁的"钉子户"。千百年来，黄土通常不是落在低洼处，而是沉积在一定高度的凹陷处。好像许多地方都是这样，比如从西藏贡嘎机场到拉萨市沿途可远远看到山坡高处有风成的黄土和黄沙。在雅鲁藏布江游船上，也可以看到巨大的风成沙丘挂在半山腰或河岸山坡。

返回的途中，为女儿摘了一些好看的松果。油松林是人工林，不算高，比我高出一点点，每株结松果约七八个，两两对生。

松子早就掉落了，剩下的只是曾经托着松子的鳞片（scale）。鳞片外显的四边形（有的为三角形或不规则形状）表面，植物学上称鳞盾（apophysis）。其鳞盾排列有序，与斐波纳奇数列有关。此数列不算新鲜，初中生就知道，特别是在《达·芬奇密码》一书出版以后。但植物学中谈此数列的情况，人们未必都清楚。

1855—1858年，李善兰与传教士合作翻译出版的《植物学》第4卷中讲到了植物叶、果排列的数学。注意，这时候达尔文的《物种起源》还没有出版呢！

"叶生于枝俱有法，其法不一。有对生者，如甲（图）。有依螺线者，如乙（图）。对生者，相连二层俱成直角。依螺线者，第六叶必与第一叶同方向。螺线绕枝二周生五叶，其常也。间有绕枝一周生七叶、三周生七叶者。一周生七叶，则七分周之一生一叶，如子（图）。三周生七叶，则七分周之三生一叶，如丑（图）。此外，有一周生二叶者，有一周生三叶者，山查［楂］之类。有二周生五叶者，蘋婆之类。有三周生八叶者，实［十］大功劳之类。有五周生十三叶者，有八周生二十一叶者，有十三周生三十四叶者，有二十一周生五十五叶者。其次序有级数，列表明之：表中母子之级数皆并前二数，得后一数。如并二三得五，并三五得八，并五八得十三，此母之级也。又如并一一得二，并一二得三，并二三得五，此子之级也。"（4:4a）

《植物学》书中列出了级数：1，1，2，3，5，8，13，21，34，55。用现在的表示法，此级数满足如下关系：$a_{n+2}=a_{n+1}+a_n$，其中$a_1=a_2=1$。

《植物学》书中还说："松非一种，松卵螺线之数，视种可异，或一，或二，或三，或五，或八，或十三，或二十一，或三十四，理与叶同。若左旋五，则右旋或三或八；左旋八，则右旋或五或十三。余可类

推。"（4:4b）

对于我今天采集的油松松果，鳞盾呈扁菱形，鳞盾之间的排列可近似地看作有两组4条螺旋线（其中两两近似平行）将它们彼此分开。螺旋线的旋转方向以"从中心向外运动"进行界义如下：将松果翻过来，蒂朝上，鳞盾之间的线（缝隙）逆时针旋转者，定义为右旋，顺时针旋转者，定义为左旋。根据这样的约定，油松的松果左旋8，右旋13。两者都是斐波纳奇数列中的数字。查对多个松果，皆如此。

初五，开车到北京大学三院和临湖轩，在地上拾了一些白皮松的松果。检查的结果是，左旋5，右旋8。这样一来，油松和白皮松，不看树皮、松针，只瞧松果，就能准确鉴定了。

等有机会，再核对一下其他种类松果的鳞盾排列情况。

补充：初六（2010-02-19），到中国科学院香山植物园（现为国家植物园南园）核对一些裸子植物，结果如下：

华山松（*Pinus armandi*），左旋5，右旋8。

长白松（*P. sylvestris* var. *sylvestriformis*），也叫美人松。左旋8，右旋13；同时存在左旋13，右旋8。

萌芽松（*P. echinata*），原产北美，我国南京、富阳、闽侯有栽培。左旋8，右旋13。

西黄松（*P. ponderosa*），原产北美。我国辽宁、江苏、河南、江西有栽培。左旋8，右旋13。

北美短叶松（*P. banksiana*），原产北美。左旋5，右旋8。

乔松（*P. wallichiana*），左旋5，右旋8。

云杉（*Picea asperata*），左旋5，右旋8。

青扦（*Picea wilsonii*），左旋8，右旋5。

其中所有数字（5、8和13）都是斐波纳奇数列中的某一项。斐波纳奇数列中前一项与后一项之比a_n/a_{n+1}将趋近于黄金分割数0.618。斐波纳奇数列通项公式为：

$$a_n = \frac{1}{\sqrt{5}}\left[\left(\frac{1+\sqrt{5}}{2}\right)^n - \left(\frac{1-\sqrt{5}}{2}\right)^n\right]$$

植物叶在茎上的排列未必都有简单的整数通约关系，实际上常与黄金分割有关。假如相邻叶子间的夹角为137.5°，则有：137.5°／（360°-137.5°）≈ 0.618。

补记：斐波纳奇数列广泛存在，我费劲地数了几只向日葵的果盘，瘦果（葵花籽）旋臂有{55，89}和{85，104}这样的组合。前者在斐波纳奇数列中（21+34=55，34+55=89），后者有一定偏差。

风成黄土，上部的植物是蔷薇科楸子。

上图：冬季楸子果实特写。 下图：油松树上对生的球果（松果）。

油松球果鳞盾的排列。

植物中的左撇子

植物中有多少左撇子？有手性基因吗？我得立即声明：对这种问题，其实我也不知道答案，只不过我较早关注了这件事并收集了大量经验材料。那么谁能回答呢？据我所知，目前几乎没有人能够令人满意地回答这个问题。我请教过理论物理学家、植物学家、气象学家等，也查过许多文献，实话说，结果很不理想。我发现，职业科学家对这类现象关注得太少，研究得很不够，甚至相当多科学家在谈论这个问题时左右不分，概念十分混乱。你会想，不会吧？你准是又在说科学和科学家的坏话！

前几年，英国出版了一本畅销科普书《企鹅的脚为什么不怕冻？》。中译本（广西科学技术出版社，2007年）出版前有人邀我写一句推荐语，要印在封底，我是这样写的："《企鹅的脚为什么不怕冻？》从多个角度（而非以'标准答案'的方式）回答了来自读者的大量博物学提问，展示了'科学说明'的复杂性。读此书，人们会感受到科学是有趣的，对于身边的问题做出令人满意的解答也常常充满了挑战。"关于植物左撇子右撇子的问题，完全可以列入下一版的《企鹅的脚为什么不怕冻？》，请若干科学家分头解释。甚至可以邀请普通公众猜猜答案，把各种说法全部记录在案，然后再一一检验。我想一定有趣。据我所知，很多在农村长大的孩子从小就注意过植物茎的缠绕方式，可能还摆弄过，如故意让茎朝相反的方向转爬。

说了半天，植物的左撇子指的是什么？对"左撇子"这个概念，人们并不陌生，但说清楚与之相关的"植物的手性"，并不总是很容易。有了一定的经验后，我向初学者解说得最佳、最快速的办法是请人们看图形，而不是用文字解说。

在正式引入植物的手性概念前，还是先看下页图提问题、猜答案。一张图是桔梗科植物辐冠参（*Pseudocodon convolvulaceus*），也称鸡蛋参、珠子参、大金线吊葫芦、鸡腰参，摄于云南香格里拉。另一张图是辐冠参花未开放时的样子，此图还专门展现了其茎的缠绕方式，摄于云南丽江玉湖。当年植物学家、纳西学专家洛克在玉湖住了20多年，美国地理学会赴中国云南探险队总部就设在那里，洛克是队长。你注意到了，在第二张图中，左边的与右边的差不多，其实它们互成镜像。其中一个是原图，另一个是我用Photoshop反射（镜像）操作做出来的。究竟哪个是真的？我不告诉你，等你有机会去云南亲自看一下吧！

也许，人们犯不着为了一株植物向什么方向旋转而去云南丽江考察一下。不过，我觉得某种意义上也值得。云南植物那么丰富，到那走一趟一定收获不小。如果嫌丽江太远，到北京延庆松山看看旋花科的金灯藤（*Cuscuta japonica*）也行。我用尼康D200拍下金灯藤的图片，确切地址为：北纬40°30′44″，东经115°49′3″，海拔825米，据此你可以方便地找到那些金灯藤。我保证，辐冠参的旋转方向与金灯藤的一样。

即便你对金灯藤没什么概念，也一定吃过菜豆、豌豆、豇豆或扁豆吧！找一株这样的豆科植物观察一下并不难。至此我提到的所有植物，都具有相同的旋转方向。注意，我并没有说豆科植物茎的旋转方向都一样。我把金灯藤的旋转方式定义为"右旋"，这样的植物的茎所具有的

上图：桔梗科草质藤本植物辐冠参的花。花冠紫蓝色，花大而美，在园艺中将大有作为。不过，到目前为止我还没见到哪个植物园有栽种的。云南丽江玉湖、香格里拉纳帕海山边、泸沽湖沿岸有很多。注意，花冠具有5次旋转对称性，而柱头本身为3次旋转对称。

下图：藤本植物辐冠参茎的缠绕方式。注意，左图和右图中有一个是真的，另一个是用软件做出来的。哪个是真的？

手性叫作"右手性"，如辐冠参和金灯藤。与之相反的旋转方式叫作"左旋"，如薯蓣科植物黏山药（*Dioscorea hemsleyi*）。

并非所有藤本植物都有右旋或左旋的茎，如爬山虎、凌霄花、常春藤的茎是中性的，不向右转也不向左转，也可以说无手性。那么它们靠什么往上爬？靠卷须末端的吸盘。

为什么称"手性"而不称别的什么性呢？显然大家已经猜到了，手性这个词来自"手"，我们的双手是不一样的（虽然很像），左手和右手互成镜像。通过旋转、平移操作，两只手永远不可能重合起来，只有通过镜像操作，两只手才能重合起来，如拜佛时。用稍学术化的语言讲，在某种变换下具有不变性的图形或者物体，就具有此种变换下的对称性。如水鳖科植物波叶海菜花（*Ottelia acuminata var. crispa*）的花具有3次旋转对称性，鸢尾科和百合科的许多植物也如此。而兰科植物的花通常只具有左右对称性，即镜像对称性，如硬叶兜兰（*Paphiopedilum micranthum*），你熟悉的蝴蝶兰也如此。实际上你很难找到哪种兰花不是这样。

水鳖科植物波叶海菜花，云南摩梭人称之为"开普"。它的花具有3次旋转对称性。摄于云南泸沽湖。

上左图：旋花科草质藤本植物金灯藤，也称日本菟丝子。按我的定义，它的茎右旋。

上右图：葡萄科木质藤本植物地锦（爬山虎）。其茎的手性是中性的。

下图：薯蓣科植物黏山药，茎左旋。摄于云南泸沽湖里务比岛。这个科的植物有许多是藤本，但手性并不一致，同一属中既有左旋的也有右旋的。

兰科植物硬叶兜兰的花具有近似的左右对称性。

学过物理学、化学和分子生物学的人都明白，我的上述定义与这些学科中讲的左与右的含义一致，比如DNA（脱氧核糖核酸）分子为右手双螺旋结构，具有右手性。电磁学中的左手定则、右手定则也与我的定义兼容。

所谓"右旋"，用语言描述便是：对于藤本植物的缠绕茎，想象着伸出右手，大拇指竖起，四指握拳。让大拇指顺着轴向（指向轴的两个方向的哪一个均无所谓。这一特点非常重要，也极有用），四指从掌根到指尖把握住植物茎螺旋，如果能做到茎螺旋的前进方向（不需知道是否是植物的实际生长方向）与大拇指的指向一致，那么此植物的茎是"右旋"的。反之是"左旋"的。这段文字，真够啰唆的，实际上判断起来非常简单，用眼睛一看就有结果了。

对了，我突然想起来，了解"左旋"的另一个好办法是，看看藏区佛教信众如何转塔、转经轮吧。

至此，左旋、右旋的定义应该够清楚的了，看文献不会有什么困难了吧？非也，大量的植物学文献可不是这样清晰。

《攀援植物行为生态学的理论与研究方法》实际上把上述我定义的右旋称作左旋，把左旋称作右旋！（据此书第4页的文字推断）《中国植物志》在豆科"紫藤属分种检索表"中用到了"茎左旋"和"茎右旋"的概念（韦直主编，《中国植物志》第40卷，科学出版社，1994年，第184页），但没有下定义。根据它所描述的植物反向推理可以发现，它所说的茎左旋与茎右旋也是与我上述的定义正好相反。

其他例子还有许多，在这里我就不提了，可参见我写的《博物学与自然美：植物茎手性一例》（李砚祖主编，《艺术与科学》第1卷，清华大学出版社，2005年，第67—76页）及《植物的故事》（上海科学技术出版社，2004年）一书。

《中国植物志》是权威性著作，在分类与定名过程中有分歧时人们一般以《中国植物志》为准，那么关于手性我为何还要较劲呢？我有三点理由：

（1）《中国植物志》及许多植物书并没有明确给所使用的概念下定义，它没有清晰地定义什么叫左什么叫右。定义左和右是很困难的，详见诺贝尔奖得主费曼的《物理定律的本性》（关洪译，湖南科学技术出版社，2005年，第4章）。

（2）通过反推，我们知道《中国植物志》等描述的左旋和右旋与数理科学中普遍使用并且定义得很清楚的概念相悖。

（3）据我调查，植物学家自己的用法也不统一。即使在国外，大植物学家对左旋右旋的用法也不一致。据著名植物学家、植物学史家斯特恩（William T. Stearn）的经典著作《植物学拉丁文》（*Botanical Latin*，Timber Press，2004）第335页，德堪多父子（The de Candolles，1778—1841；1806—1893）、比斯科夫（Gottlieb Wilhelm Bischoff，1797—1854）的用法，与艾希勒（August Wilhelm Eichler，1839—1887）、格雷（Asa Gray，1810—1888）的用法就是正好相反的。这一事实也提示我们，传统植物学的知识有一定的地方性。地方性、本土性倒并不一定是坏事，现在人们十分重视或者经常赞美"地方性知识"。

虽然我内心里更喜爱传统植物学这样的博物类科学，不大喜欢数理类科学，但是在手性问题上无疑数理科学更严格。

左与右是相对的。只要定义清楚，哪个是左哪个是右均无所谓，事先约定一下就可以。本文约定，左与右的含义与数理科学家及一部分植物学家的理解保持一致。

博物学家达尔文早就注意到植物的手性。也许为了避免混淆，他采用了另外一套术语。他把我所说的左旋称作"顺太阳方向"转动，把右旋称作"逆太阳方向"转动。他的意思是，从藤本植物生长端垂直往下观察，如果茎端的生长方向是像钟表上的时针一样绕某物旋转或者像东升西落的太阳一般运动，那么它就是"顺太阳方向"的。

达尔文的定义有其优点，避免了左转右转的混淆，但也有缺点。其缺点在于，当我们处于树林中，特别是在光线不大好的情况下，见到某种复杂的藤本植物，在局部上可能无法确认藤子的哪一端是新的（生长端）。按达尔文的办法，一旦对生长端判断错误，关于手性给出的结论就是错误的。而我们按数理科学给出的定义不会出现这类问题。

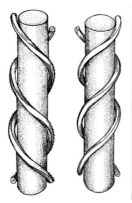

左图：斯特恩的经典著作《植物学拉丁文》中的一幅插图。按我的定义，左侧的螺旋是左旋的，右侧的螺旋是右旋的。

中图和右图：供读者做手性判断练习参考的两种植物。图中故意没有展示茎的缠绕方式，而是要求读者找几株植物亲自去察看。中图为葎草，右图为萝藦。

手性判断练习：

  请亲自观察一下大麻科（原桑科）的葎草（*Humulus scandens*）（民间常叫它"拉拉秧"）和夹竹桃科（原萝藦科）的萝藦（*Metaplexis japonica*）的茎，看看它们的缠绕方式有何不同？多看一些植株，每一种植物的缠绕方式是固定的吗？不要相信任何材料上的"定论"。这两种植物都极为普通，即使在北京城里也能找到它们的身影。上页图可供参考。你认为茎缠绕的方式对于识别植物有帮助吗？如果有条件的话，请查一些植物志或者植物书，看看书中是否准确记录了它们茎的手性。提示：植物的名字极为重要，特别是其拉丁名。在互联网时代，有了拉丁名，关于此植物的大量信息可以瞬间找到。如果对于名字（地方名和学名）没有什么线索，那就麻烦了。

  如果还有条件的话，请观察菊科薇甘菊（*Mikania micrantha*）、蓼科何首乌（*Fallopia multiflora*）、桔梗科羊乳（*Codonopsis lanceolata*）的茎缠绕方式。注意它们比较复杂，同一株竟然可以既向左旋转也可以向右旋转，通常以左为主。

黄独和参薯的手性

黄独（*Dioscorea bulbifera*），也称黄药、山慈姑、零余薯等，是一种重要的中药。据说它的块茎能治甲状腺肿大、吐血、咯血、百日咳之类，但我更在乎其美学特征而非药性。现在关心一下这种藤本植物的茎向左转还是向右转，即它的茎的手性如何。

"手性"说的是一种镜像对称性，也称左右对称性。我已在《科学》《生命世界》《植物的故事》中多次讨论过植物的手性问题，但没有专门讲黄独的手性。结合照片，黄独茎的手性秘密一目了然。

首先，黄独是薯蓣科薯蓣属的植物，这个属的植物大多为草质藤本，其茎既有向左转的也有向右转的。这表明同科同属不同种的植物手性可以不同（顺便一提，豆科紫藤属也有这个特点）。初看一下，黄独的手性为左手性，与同科同属的黏山药、穿龙薯蓣、高山薯蓣、五叶薯蓣手性一致，而与同科同属的野山药、山药（*Dioscorea polystachya*）、墨西哥龟甲龙等手性不同。这里列举的所有物种我都多次观察过，都有照片为证。

其次，上面所讲的是藤本植物茎的"公转"手性，实际上还存在容易被忽视的"自转"手性问题。黄独茎的"自转"方向不同于"公转"方向，它的"自转"方向呈右手性。

"公转"容易识别，只要看看它如何缠绕在支撑物上就可以了，那么如何识别"自转"呢？黄独的茎恰好长了若干条纵棱，样子很像裙边儿，外缘呈波浪形。这些纵棱并非平行于茎，而是向右旋转，于是可判定其茎具有右手性。

　　黄独的公转特征我早就注意到了，但其自转特征则在很久后才注意到。

　　2005年9月29日，我在云南思茅市（2007年更名为普洱市）的镇沅摘了几个外形像小土豆的黄独珠芽，回到北京后我把它放在阳台上（它怕冻，在北京野外不容易越冬），第二年春天，它竟发芽了。我把它种在了香椿树下，不久它就沿香椿树爬上去了。我时不时地观察它，注意到了它的自转现象。当时颇激动，赶忙用相机拍摄下来，还专门拍了微距片。不过，我事后检查几年前拍摄的若干黄独照片，放大来看，从中除了能看到明显的左手性公转外也能看到右手性的自转。"观察渗透理论"的又一例证！现在想看到"自转"，就能看到，以前没看到，是视而不见，或者不想看到。大自然有多少秘密是我不曾看到或者不想看到的呢？

　　想一想，自转与公转方向相反，很合道理，这跟农村"搓草绳"的道理一样，一左一右绳子才紧致。那么，能否说大自然规定好了只能是这样，推广开来，别的藤本植物也一样？博物学也运用外推法，但要小心。看看北马兜铃（*Aristolochia contorta*）的例子就可以了：这种藤本植物公转与自转都是向右的！其实，也可以看与黄独同科同属的参薯（*Dioscorea alata*），它的茎公转与自转皆为右手性。

上图：在云南镇沅看到的一株黄独。

下图：缠绕在香椿树上的黄独茎的特写照片，从此图中能够清晰地看到茎的公转呈左手性，自转呈右手性。

枫、枫香树与枫桥

"枫叶红了的时候"，当指秋天，1976年打倒"四人帮"的时候，恰为金秋十月，后来有同名宣传画和话剧问世。年轻一代可能已经不知道"四人帮"这个时代性、政治性很强的称谓。

枫叶、枫树，谁没见过，谁不认识？即使不认识也听说过。但是，植物中称枫者多矣，分辨清楚也需要最基本的功夫。

据《说文解字》，枫，"木也，厚叶弱枝，善摇"。《说文解字》之说又源于《尔雅》。仅仅根据这个解释，无法判断枫为何科何属植物。树木感风而动，善摇者多矣，独"枫"因右侧之"风"字而善摇乎？按夏纬瑛先生《植物名释札记》中的推理，许慎有望文生义之嫌。

今之人所言枫树者，多指无患子科（原槭树科，现并入无患子科）槭树属（Acer）的植物。枫树有许多种，如元宝槭（平基槭）、五角槭（地锦槭、色木槭）、茶条槭、鸡爪槭、复叶槭（具有羽状复叶）、葛萝槭、三花槭（拧劲槭）、五小叶槭等。槭树属的枫树，东北、华北都大量存在。枫树在美国、加拿大更是常见，加拿大的国旗上画的就是枫叶。

在我们东北老家，常称枫树为色木，其中"色"字在当地读作sǎi（标准的现代汉语中没有这个发音），同理，"以色列"，东北人读作"以sǎi列"！小时候冬天上山砍柴，口渴时可以在枫树上砍道沟，把嘴巴贴上去，能够喝到甘甜的枫树汁。1999年，我在美国时，曾买过一美元一小瓶的枫糖浆，还到美国印第安纳州参观过枫糖的采集、熬制过程。采集的办法很简单：早春时节，把带尖的直径一厘米左右的钢管钉到枫树干靠近地面的部分，树汁便自动流出，钢管外端挂着一只蓝色的硕大的专用塑料袋。有人定期收集树液。远远望去，林中一片蓝色。据说，这种采集方式不影响树木的正常生长。

在北京，我见过的最美丽的枫树要数怀柔喇叭沟门原始次生林边缘挺拔的五角槭了。国庆节期间，它同时具有绿、黄、红等颜色，仰望过去，蔚蓝的天空和稀疏的白云衬托着摇曳的枫枝、枫叶（还真有"弱枝，善摇"的味道），树叶飒飒作响。置身此等境地，能说些什么呢？还用说什么呢？"欲辨已忘言。"

在中国古代，枫一般指的不是我们现在讲的枫，而是指金缕梅科的枫香树（*Liquidambar formosana*）。枫香是指枫香树的树脂，也称枫香脂，有香气，可药用。《唐本草》《证类本草·木部上品》《唐本草注》《蜀本草图经》中记载的都是枫香树。夏纬瑛猜测，"枫"字右侧的"风"可能是从"峰"假借过来的，因为"枫之叶有歧，作三角，犹如山之三峰，故名'枫树'"。

枫香树与人们常说的枫分属于不同的科，形态差别也非常明显。首先，果实不同。枫香树是球果，外表有刺，像个刺球，这些刺是宿存的萼齿；而槭树属的枫为双翅果，果外边连接着薄片状的果翅。第二，叶形不同，枫香树的叶呈掌状3裂，边缘有细小的锯齿；而槭树属枫树通常叶掌状5深裂或者7~9掌状深裂（也有3裂的，如三峡槭，极像枫香树，但果实不同），边缘一般无锯齿或者有较大的重锯齿（如茶条槭）。

通常，槭树属的枫树长在北方，如东北、华北，而枫香树长在黄河以南，华东、四川、广东、台湾均有生长。不过，我在美国伊利诺伊州双城尚佩恩和厄巴纳见过两种树一同被植在马路旁，长势良好。我还逆光拍摄过枫香树的叶子和果实。可以推测，在北京也应当可以植活枫香树，但不知为什么没有栽种。

在长沙和武汉，枫香树很多。我在长沙见过高达几十米、胸径1米以上的枫香树。其中岳麓山上有许多枫香古树（我见到一株上面的标牌指出树龄已达260年），蔡锷（1882—1916，字松坡）将军墓前就有几株。有人这样描写蔡锷墓："蔡锷墓位于黄兴墓下，白鹤泉旁，周围松柏环抱，十分清幽肃静"，"一阵清风吹来，松涛涌动，发出阵阵呜咽，像是小凤仙在如泣如诉地吟唱"。不过，据我2005年实地观察，这与事实不大相符。周围除了几株高大的枫香树外，还有一棵白玉兰。

湖南长沙蔡锷墓下面、岳麓书院上面不远处就是中国四大名亭之一"爱晚亭"。爱晚亭原名红叶亭，据说依了清代诗人袁枚的建议而改此名。"爱晚"两字源于唐代诗人杜牧的绝句："远上寒山石径斜，白云生处有人家，停车坐爱枫林晚，霜叶红于二月花。"此诗中提到的"枫"，也当指枫香，而不是现在常说的北方的枫树。

武汉植物园和武汉大学校园里，都有许多枫香树。长沙市植物园中还有大量缺萼枫香（*Liquidambar acalycina*）。

带走一盏渔火，让它温暖我的双眼。

留下一段真情，让它停泊在枫桥边。

我很喜欢《涛声依旧》（陈小奇词曲）这首歌，喜欢它描绘的场景。可是，那是什么场景呢？我们先得把"枫桥"两字讲清楚。

文人时常把枫与乌桕（*Sapium sebiferum*）搞混，也许是因为秋季叶子的颜色相同。我曾见过这样的说法：诗人张继错把桕叶当枫叶，留下千古佳句：江枫渔火对愁眠。而王端履著《重论文斋笔录》中论及此诗时说："江南临水多植乌桕，秋叶泡霜，鲜红可爱，诗人类指为枫，不知枫生山中，性最恶湿，不能种之江畔也。此诗江枫二字亦未免误认耳。"范寅在《越谚》卷中"桕树"项下说："十月叶丹，即枫，其子可榨油，农皆植田边。"就把两者误合为一。（胡焕福，《故乡的乌桕树》，2003年5月10日）

其实，这些说法也不够准确。

经查，这些说法几乎一字不差地来自文学家周作人于1930年12月作的《两株树》，周作人谈到了张继，引了王端履、范寅，还有罗逸长等。

我小的时候读到张继的"月落乌啼霜满天，江枫渔火对愁眠。姑苏城外寒山寺，夜半钟声到客船"，眼前顿时浮现出一种令人心驰神往的人间仙境。这种美好境界保持了十多年，最后终于彻底打碎。小时候读诗不求甚解，喜欢凭字面意思联想。我原想象那是在深秋时节，苏州城外有山有水；山高耸、水幽深，火红的枫叶与渔火相映，半夜里寺院清脆的钟声响起……

然而这些压根儿不存在。1997年，我到了苏州的寒山寺，那周围既没有枫树，也没有大山。庙倒是有一个，但小得很，水也确实有的，但河道狭窄，十分混浊。张继诗中的"寒山"，相传是一个和尚的名字，与

"山"无关。"枫"与枫树也无关。1997年，我和吴国盛到苏州开物理学史会议，实际观察了寒山寺（始建于梁，位于苏州城西5千米外的枫桥镇）及其四周，大失所望。当时，十多米宽的枫桥上插着几十面彩旗，据说正在拍摄一个古装电视剧。实际的场景远不及儿时误读基础上的想象。

这时我记起，曾有人向一位伟人讨教诗句的含义，伟人答曰：诗这东西，作者本人不宜多解释，还是留给读者自己揣摩为佳。信夫！误读，某种程度上也是一种值得鼓励的创造。

那么"枫桥"一名从何而来呢？可能源于"枫桥镇"。可其中的"枫"是什么意思？实际上枫桥只是江南常见的一种单孔石拱桥，在张继写诗之前大概早就存在了。诗中"江枫"分别指江（村）桥和枫桥，并非指"江边的枫树"。两桥相距不远，不超过100米。相传以前这里是水陆交通要道，每到夜里就要封锁起来，得名"封桥"。"封桥"因张继的诗而易名。陈经华《苏州名古桥》也支持此说：枫桥原来叫"封桥"，由于张继的诗才变成"枫桥"的。后来咏枫桥的诗愈来愈多，"诗里枫桥独有名"。于是，枫桥与枫桥镇谁早谁晚也难说，这里可能有种"解释学循环"。按此说，"江枫"两字并不直接涉及任何植物，而是两座桥的名字。这意味着张继用错了字（通假），后人错上加错。

于是，不存在张继"错把柏叶当枫叶"的事情了，张继或许明明知道枫桥，并且那诗就叫《枫桥夜泊》嘛。不过，想不通的是，以周作人的学问和对"草木虫鱼"的喜爱，不应当说出"放翁生长稽山镜水间，所以诗中常常说及柏叶，便是那唐朝张继寒山寺诗所云江枫渔火对愁眠，也是在说这种红叶"。细想起来，仍然存在一种可能性：张继当初诗中所述景象并非实写或者所描述的地方不是今天的地方，而他的诗中"江枫"仍然可以作江边的枫树、枫香树或者别的红叶植物（如乌桕）解，也许张继确实想的是江边的枫树，其中的江与现在的江村桥也无关！只是，对这种可能性，我还没有找到证据支持。

把乌桕（*Sapium sebiferum*）当成枫树或者枫香树，盖因叶皆红。乌桕，别名木樟树、木油树、卷子树、蜡烛树，为大戟科植物，生长于广东、广西、江苏、浙江、湖南、云南等地。叶卵形，不分裂，与枫香树和槭树均易区分。乌桕相当出名，周作人在《两株树》中写的第二株树就是它，第一株指白杨。1966年，刘少奇在访问巴基斯坦时，为了纪念中巴友谊植下了一棵乌桕树。1964年，周恩来访巴也曾植下一棵乌桕树。不幸的是，"文化大革命"期间，刘少奇在异国植下的乌桕树也未能幸免。1998年，刘少奇100周年诞辰时，巴政府有关部门决定举行纪念树复植仪式。乌桕这种树，我最早在南京中山植物园见过，后来在遵义、武汉、神农架都见过，但北京和东北似乎没有。

小结一下，由上可知，"枫"一般涉及金缕梅科、无患子科、大戟科三个科的若干种植物，主要是前两个科。把大戟科的乌桕称作枫，道理并不充分，如果可以的话，香山红叶（黄栌，漆树科）岂不也可以称枫了吗？

我们通常说的枫树只限于无患子科。在植物学中，带枫字的还有一些，如八角枫科、枫杨（胡桃科）。

五角槭。摄于北京喇叭沟门。

茶条槭（*Acer tataricum* subsp. *ginnala*）翅果，2003年8月摄于吉林通化。

右下局部图：茶条槭叶上有一只蜗牛。摄于吉林通化。

紫花槭（*Acer pseudo-sieboldianum*）。2003年8月摄于吉林通化。

上左图：取枫糖汁的过程。一根钢管被钉入树干，树液流入塑料袋中，收集后可熬成枫糖浆。1999年早春摄于美国印第安纳州。

上右图：枫香树，金缕梅科。叶3裂，每部分近似等大。2002年11月摄于上海植物园。

下图：雨后的无患子科某种枫树，叶子乳白色。1998年10月摄于美国伊利诺伊大学。

上图：乌桕秋天时的叶子，形状与枫香叶或槭树叶显然不同。2004年11月8日摄于南京中山植物园。

下图：乌桕的叶与花，2006年6月26日摄于由贵阳至遵义的路上。

洋紫荆与对称性

　　对称性对于科学与艺术，绝对都是一个关键词。其实，对于植物也如此。植物界充满了对称性，了解对称性，有助于识别和欣赏植物。

　　1990年3月4日，香港特别行政区区旗、区徽图案征集评比揭晓，1960年出生于河南开封的青年画家肖红的精美设计胜出。他采用的"紫荆花"和五星创意最终成为香港特别行政区区旗、区徽的中心图案。

　　1996年8月10日，全国人民代表大会香港特别行政区筹备委员会第四次全体会议通过了《中华人民共和国香港特别行政区区旗区徽使用暂行办法》，其中明确规定区旗"旗面呈长方形，其长与高为三与二之比，旗面中绘有一朵白色动态五瓣紫荆花，其外圆直径为旗高的3/5。各花瓣围绕旗面中心点顺时针平均排列，在每片花瓣中均有一颗红色五角星及一条红色花蕊，紫荆花中心点位于旗面中心，旗杆套为白色"；关于区徽规定如下："位于徽面内圆中央的动态紫荆花图案为白色，由五片花瓣组成，每片花瓣中均有一颗红色五角星及一条红色花蕊镶在其间。各片花瓣环绕徽面中心点顺时针均匀排列。"

　　从设计图中可见，"紫荆花"的花瓣具有5次旋转对称性，即花瓣每

香港特别行政区区旗与区徽图案，左侧为"紫荆花"制版定位图。

旋转360°/5＝72°（或者此角度的整数倍角度），图案就重合一次。有位先生在《生活中的对称与不对称》一文中也说："旋转就是一种变换操作，一个有5片相同花瓣的花朵（如香港特别行政区区旗上的紫荆花）绕垂直花面的轴旋转2π/5或2π/5整数倍角度，完全是一样的，没有什么变化，我们就说它具有2π/5旋转对称性。"

单纯就具有象征意义的艺术设计图形而言，说"紫荆花"的花瓣具有5次旋转对称性，是没问题的，但是，植物学意义上的"紫荆花"的花瓣并非如此。现实中的"紫荆花"没有"旋转对称性"（或叫"辐射对称性"，植物学界习惯上这样称呼，与数理科学界的叫法不一样）。

植物花被（通常由花萼和花冠组成。有些植物的花没有分化成两部分，称单被花或同被花，如百合）的对称状况，对于植物分类至关重要（如蔷薇科与毛茛科植物的花被差别很大），因而需要讲清楚"紫荆花"到底具有怎样的对称性。"紫荆花"的花冠中5片花瓣大小与形状并不一样，可以分成三组，其中一瓣位于正中，其左右各两瓣，呈现左右对称。这也是理论上的简化说法，现实的"紫荆花"只是近似左右对称。

香港特别行政区区花称紫荆花、洋紫荆、香港紫荆、红花羊蹄甲（广东的叫法）等，学名为*Bauhinia blakeana*，在植物学上它属于豆科羊蹄甲属。1912年邓恩和特车合著《广东及香港植物志》发表这个新种时，以卜力克爵士（Sir Henry Blake）的名字为"种加词"命名此植物。卜力克于1898—1903年曾担任香港总督。"紫荆花"的英文名为Hong Kong Orchard Tree（香港兰花树）。在香港，不能称它为红花羊蹄甲，因为红花羊蹄甲指同属的另一个种（*Bauhinia purpurea*），相当于内地说

上图：洋紫荆，花瓣5片，紫红色，与兰花相似，呈现左右对称性。生长于南方，在北京只能在温室中见到。2003年10月28日摄于南宁药用植物园。

下左图：三色堇的花，严格说来，不是左右对称，注意上部两片花瓣并不对称。兰科植物的花也是近似左右对称。

下右图：野鸢尾的花，呈旋转对称。花被可分出两套三组，每旋转120°，各部分就可以重合一次。在数学上称此花具有3次旋转对称性。

洋紫荆的叶子，颇像羊蹄。摄于南宁。

的紫羊蹄甲或者羊蹄甲。（据许霖庆教授）

被称作香港特别行政区区花的植物，比较合适的叫法应当是"洋紫荆"，这可算作此植物的中文"普通名"，其他中文叫法属于"别名"。普通名和拉丁名各一个，别名可以有多个。洋紫荆这种植物是非常好认的，其突出特点是：①叶子顶端两裂，形似羊蹄。②紫红花瓣5，中间一片较大，左右各有两片，呈左右对称排列。③不育，此植物可能是杂交后代。

由照片可见洋紫荆的花具有左右对称性。同属植物羊蹄甲的花一般也如此，个别者有6片花瓣，不具有严格的左右对称性。

我们再通过其他两种植物，加深一下对两类对称的理解。三色堇（堇菜科植物）的花左右对称，野鸢尾（鸢尾科植物）的花呈旋转对称。

从数学上看，左右对称的情况下有对称面（相当于一面镜子），而旋转对称的情况下有对称轴（相当于一个转动轴）。在地质学中的晶体学中，也要讨论矿物晶体的各种对称性，其中左右对称和旋转对称是很常见的。

植物中涉及左右对称的还有茎缠绕的"手性"问题。有的植物的茎向右转，而有的植物的茎向左转，并且向右转的多。为什么？请仔细观察并认真思考。

这个问题看似简单，但到目前为止还没有确切的答案。

植物茎可以有不同的缠绕方向，这件事情历史上许多大人物研究过，如达尔文。啤酒花（*Humulus lupulus*）的茎向左旋转，可以称具有左手手性，简称左手性；而紫藤的茎向右旋转，可以称具有右手手性，简称右手性。不过，应当提醒注意两点：第一，紫藤属植物有多种，而且多花紫藤具有相反的手性，所以这里的紫藤是特指的，其学名为 *Wisteria sinensis*；第二，数理科学对手性的定义是十分严格的，一般没有含糊的地方，但植物学一般不用手性这样的术语。经本人多年考察，大量植物学文献对手性的描述是不精确的，甚至互相矛盾，其定义竟然常常与数理科学的定义相反，即左对应于右，右对应于左！这可不是一种好现象，读书的时候一定要注意。后来我在查阅斯特恩的《植物学拉丁语》时，得知一些大植物学家对左与右的用法竟是相反的，参见其描述术语第418条。

在植物手性问题上，我曾犯过一个错误。一开始我是从数理学科那里学到手性的定义的，如物理学。现代生物学中讲DNA的结构时，用的手性定义也来自数理科学，DNA的双螺旋结构被定义为右手性。

但当初我不知道传统生物学，特别是传统植物分类学中，对手性的定义是相反的。实际上，传统的植物分类学并不重视植物的手性，甚至很少直接对其所用的"左"和"右"进行定义。不过，《中国植物志》第40卷讲豆科紫藤属时，分种检索表第一项就很特别地以手性为标准将多花紫藤（*W. floribunda*）单独分出来。《中国植物志》认为（事先并没有定义）多花紫藤是右手性的（描述它为"茎右旋"），而通常的紫藤等是左手性的。我虽然早就注意到紫藤属植物有两种不同的手性，但未加分析地沿用了《中国植物志》对左右的描述，在写给上海《科学》杂志的一篇专谈植物茎手性的短文中，我因为粗心犯了一个错误。文章中实际上使用了不相容的两种关于手性的定义，把两种紫藤属植物的名字安反了。

事后有一天突然弄明白，博物科学与数理科学不但在思维方式上不同，也可能在术语的使用上不同，并进一步发现许多植物书对手性的描述是混乱的，特别是《中国植物志》《中国高等植物图鉴》对手性的潜在定义并不清楚。从用法上推断，有的理解与数理科学的正规用法正好相反。我给杂志社去了一封信，希望勘误。《科学》杂志马上刊出了更正。后来我为"三思科学"网站写《手性之谜》一文、为上海科学技术出版社写《植物的故事》时均作了说明，统一使用数理科学关于手性的定义。

但该文还是谬种流传。最近我偶然读到一位院士引用了我犯了错误的文章中关于紫藤手性的照片和描述，心里颇感不安。在此再一次道歉，但愿更多的人能够注意不同学科对手性的界定有所不同。

插曲结束了，还是回来说说洋紫荆与紫荆的区别吧。

左图：左手性的啤酒花。北京有同属野生物种华忽布，是啤酒花的一个变种。
右上图、右下图：右手性的紫藤，豆科植物。

在日常生活和媒体报道中，香港的洋紫荆还与北方的一种同科植物紫荆（*Cercis chinensis*）相混。北方的紫荆非常普遍，我在我国北京、南京、保定及美国伊利诺伊州都见过，花通常为紫红色，从树干上密密麻麻地直接长出来，也有白色和黄色的。

对于植物，同名异物的现象非常普遍，更不用说名字近似而其物不同的情况了，现以"问答"的形式说说洋紫荆与紫荆的区别。

上图：紫荆。2002年摄于北京。 下图：紫荆的豆荚。摄于保定。

问："紫荆花"与我国北方开小花的紫荆有何联系？在植物分类上各处于什么位置？

答：紫荆与宫粉羊蹄甲（紫荆花）完全不同，它们是不同"种"的植物，也不同"属"。但是它们也有一定的联系，即它们属于同一科：苏木科，花瓣都是左右对称的。南方也广泛分布紫荆。

问：有人说它们都是豆科的，这是怎么回事？

答：笼统地说是豆科也不错。因为分类学上一般有两套叫法，一套是在界、门、纲、目、科、属、种分类阶层中，分出豆目，下有三个科：含羞草科、苏木科（也称云实科）、蝶形花科。

另一套是在广义的豆科下，分出三个亚科：含羞草亚科；苏木亚科（也称云实亚科）；蝶形花亚科。所以它们既可以称苏木科，也可以称苏木亚科。

问：有人说紫荆具有蝶形花冠，是蝶形花科的，这是怎么回事？

答：这不对。其实紫荆具有假蝶形花冠，这种植物现在在北方非常普遍，北京的公园中十分常见，我国古代文学中说的紫荆基本上是指它。

在植物学上，它为苏木科，紫荆属。可以说它是豆科，但绝对不能说它是蝶形花科的。

水杉今日犹葱茏

　　就自然风光而言，据说北京大学校园仅次于武汉大学校园。北京大学校园之所以还算漂亮，其中别致的中式建筑和丰富的植物起了不小的作用，想必武汉大学校园也是如此。2006年10月25日，我有机会到东湖边的武汉大学珞珈山转了数小时，发现建筑不如北京大学，但树木强于北京大学。其中的枫香树、橡树和樟树很高大很漂亮。

　　现在的北京大学校园原为燕京大学校园，这里特色植物有许多，如海州常山、互叶醉鱼草、紫藤、太平花、鹅掌楸、山桃、雪松、杜仲、红瑞木、黄山栾树等，但要论最出名者，当推柏科（原杉科）水杉和银杏科银杏。两者都是裸子植物、孑（jié）遗植物。全世界共有800多种裸子植物，而中国就有约240种，堪称裸子植物第一大国。水杉和银杏又是中国的特产。

　　北京大学静园四院（原来）是哲学系的所在地，后院就植有水杉，共7棵（第一教学楼前也有几株，其中一株上面还有一串巨大的鸟窝）。四院北部靠近五院的水杉，一年四季的风采各不相同：初春，它们发出像一把把小梳子一样的羽状扁平叶；盛夏，浓密的枝叶茁壮生长，树荫遮挡着旁边的两层房舍，随微风摇曳的树枝中时而透露出橡子头醒目的万字符号；晚秋时节，叶片凋零，但直到11月依然有那么多叶子倔强地坚守在枝头，颜色分外好看，墨绿和着橙黄，有时还泛着微红；深冬，叶子全部落尽，树的骨架一览无遗，粗细均匀的旁枝整齐地呵护着主干，主干与大地垂直，直冲云天。

这里的水杉高度仅次于一株高大的加杨，可以肯定的是所有水杉的树龄不会超过60岁（本文创作于2004年，为当时的推算）。原因是，在全世界上，水杉这种"活化石"直到1941年才在磨刀溪（现属湖北省利川市）被发现。它被正式定名并广为栽种至少是1948年以后的事情了。

水杉在植物学中颇重要，此属的植物在白垩纪和新生代时有6~7种，现在则只剩下此一种。1983年，中国植物学会成立50周年庆祝会上，工作人员曾向52位从事植物学工作达半个世纪的老专家颁发纪念品。你猜是什么？就是一份精制的水杉或者银杏标本，原因之一是两者为中国特有的活化石。

春天水杉嫩叶刚刚长出来。叶扁平，羽状。

左图：北京樱桃沟沟谷的一片水杉林，长势良好。

右图：盛夏时节的水杉。树叶中透出的红色小楼（原来）为北京大学中文系的五院，此水杉正好位于四院与五院之间。

水杉之发现具有传奇性。1941年2月，中央大学森林系干铎（1903—1961）赴重庆任教，途经四川磨刀溪，偶遇参天古树"水杪"（当地人的叫法）。当时只有落叶，干铎未采集到标本。后来他委托北京大学就读时的同学杨龙兴帮助采标本。杨龙兴托人于1942年采得一份，交给干铎。干铎送请树木学教授郝景盛（1903—1955）鉴定，郝认为是新植物，但不知道是什么种。后来这份标本失落。

1943年，王战在杨龙兴的建议下去看了那棵大树（水杉王，株高35米，胸径7米）。王战采得枝、叶和球果，以为是水松。后来吴中伦见到此标本，认为不是水松。1945年，标本转交给郑万钧（1904—1983），郑万钧也认为不是水松。由于战时文献难找，无法确切鉴定，郑把标本寄给北平静生生物所所长胡先骕（1894—1968）。胡从日本的一份杂志上查到了这是一种在其他地方已经灭绝的古老植物。胡先骕与郑万钧于1948年联合发表文章，确定它的学名为 *Metasequoia glyptostroboides* Hu et Cheng。据2003年第52卷第3期《分类学》（*Taxon*）杂志报道，经过多年寻找，王战采集的第一份水杉标本终于在江苏林业科学研究院（JFA）的一个废弃的标本盒中找到。

水杉从发现到定名共经历了8个年头。论文发表后引起世界轰动。多国植物园纷纷索要种子，美国古植物学家钱尼（Ralph Works Chaney，1890—1971）还亲自来华考察。当年上海的《科学》杂志以《万年水杉》为题报道了钱尼来华的始末。

胡先骕先生在水杉定名过程中起到了重要作用，那么胡先骕是什么人呢？他可是一位了不起的大人物，是中国植物学的创始人、领袖之一，

"东大（今东南大学）、中大（指江西中正大学，现为江西师范大学）、生物所、静生所、植物标本处，均是胡先生所首创"。他曾任中国植物学会会长（1934年）。胡先骕20岁时赴美，入加州伯克利大学农学院森林系攻读森林植物学，1916年23岁时学成回国，1918年任教授，1923年再次到美国哈佛大学深造，获得植物分类学硕士和博士学位（植物学家陈焕镛也是哈佛毕业的），1925年回国。胡后来当过校长，为保护学生，又坚决辞职，令人感动。胡适于1935年10月24日曾评论道："在秉志、胡先骕两大领袖领导之下，动物学、植物学同时发展，在此20年中为文化上辟出一条新路，造就许多人才，要算在中国学术上最得意的一件事。"胡先骕也是"中国科学社"最早的社员之一，还当过《科学》杂志的编辑部副主任。然而新中国成立后，胡一度没有被重用。他的学生都当上了一级研究员或者一级教授，他却是三级研究员。这位中央研究院的老院士和评议员也没当上科学院的学部委员（现在叫院士）。毛泽东当年曾说："他（指胡先骕）是中国生物学界的老祖宗。"据说陈毅很赏识胡，说他"榜上无名，榜下有名"，还请胡到中南海吃饭。直到20世纪60年代，胡才成为中国科学院植物研究所一级研究员。关于胡先生的更多故事，可以参见《不该遗忘的胡先骕》（胡宗刚著，长江文艺出版社，2005年）一书。

1961年，胡先生曾作《水杉歌》长韵，但无法发表。陈毅得知后推荐给《人民日报》，最后于1962年2月17日正式发表。现在到北京植物园（现为国家植物园北园），可在樱桃沟入口处一面石壁上看到《水杉歌》刻文，小溪边上就植有许多水杉。《水杉歌》中有这样一句："禄丰龙已成陈迹，水杉今日犹葱茏。"

如今，水杉已经被广泛栽种，许多地方都容易见到，在北京成片的水杉林中，长得最好的要数樱桃沟沟谷的一片和中国科学院香山植物园（现为国家植物园南园）的一片。我在北京林业大学、浙江大学校园及上海，也见到许多。我不明白，为何一些景点把池杉（*Taxodium ascendens*）、水松（*Glyptostrobus pensilis*）误标为水杉。它们仨虽然有相似之处，但区别也是很明显的。

可与水杉相媲美的另一种珍贵的高大裸子植物便是银杏。

北京大学校园中银杏也颇多，如西门华表处、未名湖畔、图书馆南侧及北侧马路旁、36号楼前、三角地附近等，并且有几株的树龄相当可观。银杏又叫公孙树，雌雄异株，果实称"白果"。银杏的老家在中国。如果中国定出国树的话，非银杏莫属（直到现在我国也没有定国树和国花，不知为什么）。郭沫若当年曾写过一篇《银杏》，开头是："银杏，我思念你，我不知道你为什么又叫公孙树。但一般人叫你是白果，那是容易了解的。"有一种说法，银杏生长较慢，结实较晚，爷爷种树孙子才能享受银杏的实惠，但实际上也用不了那么长的时间。山东定林寺、贵州福泉、湖南湖口都有3000多岁高龄的银杏，浙江天目山的银杏也有2000多年的历史。

北京市树龄最大的一株树就是银杏，位于潭柘寺。这株银杏相传植于唐贞观年间，距今约1300年。清代乾隆皇帝封之为"帝王树"，十分壮观，我曾去看过多次。据说树高30多米，周长10多米。高度不容易测，周长我一直想直接测量一下。

上图：银杏的叶子呈独特的扇形。近年来其提取液被广泛用于医疗和保健。

下图：一场小雪后的银杏树干和树叶。摄于北京大学三角地。

1730年左右，第一株银杏幼苗被荷兰引进，如今在荷兰乌特列支大学植物园仍然能够见到那株银杏。据传，这棵树苗当初是花40银币购进的，相当于现在的200法郎，于是银杏也称"四十银币树"。在英、美等国，也称少女头发树、孔雀树、千扇树、金色化石树等。1690年，西方人在日本首次见到银杏，分类学家林奈（1706—1778）根据标本采用 *Ginkgo* 作为银杏的属名，而以 *biloba* 为"种加词"（specific epithet），主要依据了叶片上部通常二分裂的特征（*实际上有的叶子并不开裂，并且有的存在多裂、深裂现象*）。于是银杏的学名为 *Ginkgo biloba*。银杏是由林奈于1771年命名的，学名写全的话便是 *Ginkgo biloba* L.。注意其中的"L."表示命名人，可不是随便谁都能用的。它是大博物学家林奈的专用缩写，比如我刘某人如果将来发现一个新种，是不能使用"L."的，要写也只能写作"Liu"！1998年，我们在伊利诺伊大学访问，发现校园自然博物馆旁边竟然也有几株高大的银杏，看到它们的一刹那，我竟然误以为身在母校北京大学呢。

银杏的用途，可谓广矣，不过这似乎并不是最值得关心的。

银杏颇有观赏价值和象征意义，古代寺院的僧侣早就注意到这一点，潭柘寺、八大处、红螺寺、大觉寺、金山寺等，都有百年、千年的古银杏树，它们是时间和信念的见证。那花纹有节奏地重复的树皮，那扇状的叶片，那外表仿佛结了霜的杏黄色累累果实，都吸引人们驻足观察。银杏有着雄浑的远古之美，这种美是不可抗拒的。同时它也有着温柔之美，每年第一场小雪过后，一片片黄色的叶子悄然落在细软的白雪之上，那景象非言语所能表达，只有静静地、傻傻地观看了。

上图：北京植物园樱桃沟入口处石壁所刻《水杉歌》。

下图：东京大学小石川植物园中，平濑作五郎发现游动精子的那株银杏树边，1956年安放了一块石碑，纪念精子发现60周年。

倘若如此优秀的树种不能被定为国树，许多人会伤心的。

补记之一：2010年，我在英国伦敦海德公园、牛津大学植物园和剑桥大学植物园，都见到了巨大的水杉，有几处明确标记1949年栽种。

之二：1896年，平濑作五郎（1856—1925）发现银杏游动的精子，那株银杏一直茁壮生长在东京大学小石川植物园中，2018年4月13日我专门去瞧过。在其旁边，1956年（昭和三十一年）立有一石碑，纪念精子发现60周年。

之三：2021年10月4日，我又一次来到潭柘寺，特意带了一根很长的登山绳。实测那株最大的银杏距地面一米高处植株周长900~990厘米。为何不是一个精确值呢？一是大树外面有护栏，我不能随便进入；二是植株从近地表处就分出若干个主干，测量方式稍有不同，结果就会不同，只能给出一个大致范围。许多景区宣传的数据，有虚夸的成分。

灼灼花丝展雄姿

动物中，通常雄性长得更漂亮些。雄性孔雀，开起屏来，不但美丽而且威风。雉鸡、白冠长尾雉、白鹇、狮子、麋鹿、羚羊，均是雄性出风头，或五彩缤纷，或英姿飒爽。植物中也一样，有花植物两性花中的雄蕊要比雌蕊耐看得多，变化多端、气象万千。人类却是个例外，通常姑娘们不仅体态优美，也喜欢打扮得妖娆多姿。批判地看，这都是人的认知、审美"模式"、偏见在作怪，因而有了分别心。理论上雌雄同样美，当然也同样丑！

完整的花一般由花梗、花托、花萼、花冠、雄蕊、雌蕊等部分组成，其中雄蕊由细长的花丝和顶端着生的花药组成，它是被子植物的雄性生殖器官。

细长的花丝的功能是支撑花药，使花药能够在空间伸展，便于传粉。花丝外围由一层角质化的表皮细胞包围，中间是维管束。花药是遗传物质的载体，植物学上显得重要，关注的人较多，但花丝通常不被注意。我们普通民众无须从植物学的专业角度去看花，从审美的角度欣赏一下花丝的形态是没问题的。下面分三组介绍五种我认为很美的花丝。

第一组是两种豆科植物——朱樱花与合欢。

朱樱花（*Calliandra haematocephala*），别名红绒球，豆科朱樱花属植物。之所以第一个介绍它，是因为当年为了查到它的名字曾经费了不少周折，那时候国内植物图鉴非常少。

第一次见到这种有着红色放射状绒球形花朵的植物，是在云南西双版纳。旅行团中午在路边一家小店用餐，我先吃完，就带着相机在周围转，突然在田埂上发现了这种植物。样子像豆科的，问过许多人，都不知名字。第二次是在北京植物园（现为国家植物园北园）的热带温室，只见到一株，长势也不好，本想找到标签看一下名字，竟然没有。此温室有最现代化的硬件和十分低级的软件，植物标签残缺不全，甚至张冠李戴，拉丁文掉字母，汉字出现错别字。对于没有标签的植物，若向工作人员打听，一般会听到非常自然也比较礼貌的回答："我也不知道。"第三次见到，是2003年到广西南宁开会期间。10月29日下午3点10分左右，我们一行七八人到了城南的青秀山风景区，我由车窗望见此植物，就招呼面包车司机停了车，大家一起看路边的这种红花植物。天有点阴，但刘兵、田松和我还是一个劲儿地拍。大家知道我喜欢植物，比别人多认识几种，便不停地问它叫什么名字，我只能说大概是豆科的，具体名字不知道。11月4日，上飞机前我独自一人挤出点时间，跑到了南宁市的金花茶公园，此前曾偷着用半天时间参观了南宁市有名的药用植物园。由于季节不对，茶花没见到，倒是又碰到了这种红花植物，还是不知道名字。

回到北京后，有一天在海淀图书城闲转，翻起《识花认草》（广东人民出版社，2002年），方知此植物叫朱缨花。这本书也帮我确认了厚藤（见于北海市）和野茼蒿（见于浙江千岛湖）两种以前吃不准的植物。回家查多卷本的《中国高等植物图鉴》，只在第二卷检索表中找到朱缨花属一行字，再没有其他信息。好在《新编拉汉英植物名称》一书有说明。

上图：盛开的红头朱樱花。头状花序球形，周边的先开放。雄蕊多数，基部为白色，花丝细长，几百根。花丝顶端是花药。

下图：南宁市金花茶公园的一株朱樱花，图的左下方和上方能够看到Y字形的羽状复叶。

朱樱花原产地是南美洲，英文名Red Powderpuff，直译是"红粉扑儿"，名字、样子与上述所见、所查完全一致。现在热带、亚热带常栽培，我国台湾、福建、广东、广西、云南也有栽培。据说，它喜高温湿润环境，不耐寒。

朱樱花有两大特点，通过这两大特点也就容易辨认它。朱樱花30~40朵着生在一起，呈球形，煞是好看。花丝粉红而细长，雄蕊多数，数百枚聚生在一起，向外伸展。花被钟状，周边的先开，往往是外圈的花丝已经张开，中心部位的花冠还没有打开，花被4裂或5裂，像未开的凌霄花，只是没有棱角。第二个特点是，它的叶子极为特殊，二回偶数羽状复叶（无患子科栾树具有两回和一回半的奇数复叶；黄山栾为二回羽状复叶；豆科大豆则具有三出复叶；五加科鹅掌柴则具有掌状复叶），并且只有两个大羽片，呈Y字形，每一羽片上小叶对生，偶数，5~9对，顶端的一对有点像蟹钳。我不会画画，为了示意其奇特的羽状复叶，勉强画了一张。

同科同亚科不同属的另一种植物是合欢（*Albizzia julibrissin*），也叫绒花树、马樱花、蓉花树，常见得很。不过在我老家吉林却是从来没有见过（辽宁、华北都有）。我第一次见到它是在北京大学31号楼西侧。海淀区育新花园小区，也植了几株。中国科学院香山植物园（现为国家植物园南园）有许多株。合欢具有头状花序，花多数，生于新枝的顶端。粉红色花丝细长，基部白色。二回偶数羽状复叶。合欢的花昼开夜合（同科的含羞草、跳舞草等也有此特点），名字可能就由此而来。合欢古时候也叫"合昏""夜合花"："叶至暮即合，故云合昏也。"《证类本草》中说合欢"令人欢乐无忧，久服轻身明目，得所欲"，大概是后人附会的。查《本

上图：合欢，豆科含羞草亚科。粉红色绒状花丝长达25~50厘米，左侧可见二回羽状复叶，羽片4~12对，小叶10~30对。

下左图：雨中合欢。花丝被雨水粘成一缕一缕的。摄于中国科学院香山植物园。

下右图：合欢的荚果。扁平，带状。

草纲目》，未见收录。

我要介绍的第二组具有美丽花丝的植物，是桃金娘科的蒲桃和红千层。

蒲桃（*Syzygium jambos*），也称屈头鸡、香果，是热带和亚热带植物，我在北京植物园和中国科学院香山植物园温室，还有后来在深圳仙湖见过。乔木，叶对生，革质。聚伞花序顶生，花的颜色比较特殊：绿白色。雄蕊多数，离生，呈放射状向外伸展。萼筒裂片4，宿存，与柿子相似。花柱与花丝等长，呈针状，当花丝脱落时，由白变棕色再变黑。蒲桃的果子粉里透白，像小秤砣一般，但并不好看。据说可生食，但我从未吃过。

大图：蒲桃，桃金娘科。雄蕊多数，露出花瓣之外，绿白色花丝十分美丽。
小图：蒲桃雌蕊的花柱，呈针状，与花丝等长，但存留较久。摄于中国科学院香山植物园。

同为桃金娘科的红千层（*Callistemon rigidus*）也有漂亮的花丝，它有几个形象的名字：刷毛桢、毛刷花。它原产于澳大利亚，世界各地均有栽培。我曾在植物图谱上见过，实物则是在上海召开首届科学文化会议时偶然见到的。江晓原主持的会议于2002年11月在上海交通大学召开，23日下午自由讨论，我便一个人急忙赶到了上海植物园。深秋季节，最引起我注意的就是杉科的池杉和桃金娘科的红千层。远远望去，红千层一串串的红花，活像试管刷子，只是颜色不同。红千层具有穗状花序，生长于接近枝顶处。花序轴可以继续向前生长成有叶的正常枝。萼筒钟形，外被柔毛，裂片5，花瓣5。雄蕊多数，鲜红色，每束40~50枚花丝，长约25毫米。

桃金娘科红千层状如试管刷的红花。2002年11月23日摄于上海植物园。

最后，介绍一种野生的草本植物，在北方极普遍，但论观赏价值，一点不逊色，只是人们很少注意它。

它是金丝桃科（原藤黄科）金丝桃属草本而非木本植物黄海棠（*Hypericum ascyron*），也叫长柱金丝桃、红牛心、呜心茶、金丝桃、红心莲。《中国高等植物图鉴》上还列有另一个名字：湖南连翘。所谓"金丝"，就与雄蕊有关。

黄海棠茎四棱，单叶对生，无柄。聚伞花序顶生，花瓣5，金黄色，顶端俯视花瓣呈逆时针旋转，像小风车的叶片。雄蕊多数，基部合生成5束。花丝细长，基部金黄色，中上部暗红色、棕色。花柱与花丝等长并且颜色变化也一致，花柱基部合生，上部5裂；花柱上面的柱头颜色较浅，呈乳白色。蒴果圆锥形，成熟后5裂。

其实，我本人更喜欢家乡野生的黄海棠。作为野草，在山坡上、马路旁它随处可见，倒是没见有专门种植的。去年夏天回东北，我与父亲差不多每天都上山（从小养成的习惯，在这一过程中父亲教了我许多博物学知识），每天都能碰见黄海棠，而每次我都忍不住看一眼或者为它拍一张照片，它的美是显然的、不可忽略的。

左图：黄海棠花的特写。右图：黄海棠，左侧为圆锥形蒴果。

鹅掌楸

　　我第一次到北京图书馆（以下简称"北图"，1998年改称"中国国家图书馆"）时，就发现东南角处有两株奇怪的乔木，后来知道其名字叫鹅掌楸，那时是20世纪80年代。我以前从未见过这种树，或者偶尔见过但没有留意。后者当然是可能的，多数情况下，我们对许多外界事物均视而不见。眼睛看东西是有选择性的，并非对进入视界的一切外物都"照相存档"，即使存了自己也意识不到。在科学哲学中，这叫作"观察渗透理论"。以后每次到"北图"，走路经过时，我都要看上几眼那两株鹅掌楸，在不知不觉中，它们已经长成了大树，现在约有6米高。

　　到"北图"找材料，是中国许多一线知识分子要亲自做的一件苦差事，顺便看看那里的植物，也算是一种休息。除了鹅掌楸外，那里还有流苏树、水杉、粗榧、银杏、垂盆草和凤尾丝兰可供观赏。

木兰科植物鹅掌楸，落叶高大乔木。此图展示的是盛花期植株，花直径5~6厘米，杯状，花冠黄色。

在北京，最大的一片鹅掌楸林处于北京植物园（现为国家植物园北园）内的北部公路的南侧，其中最大的一株胸径在35厘米以上，高10米以上，正好位于华表柱下方。这种树能够长到40~60米，是名副其实的高大乔木。这里普通的植株胸径在10厘米左右，有50余株。周围是起伏的草地，周末在此躺上几小时，实在是美好的享受。最近，鹅掌楸林上部两座多年来已经破烂不堪的古代建筑已被修葺一新，灰砖、彩绘、红柱、绿树相互映衬，微风袭来，沙沙响声和着变幻的光影，天籁圣境也。

但是，生活在北京城里，很难见到鹅掌楸。在公共场所，除了"北图"一处外，北京大学于2001年刚刚植入数棵，位置在地学楼以东、遥感楼以南、理科楼群西北，靠近通向东门的马路边。同时植入的还有黄栌属毛黄栌和栾属黄山栾（别名全缘叶栾树，无患子科，《北京植物志》正文中没有收入此植物，但在1992年补编中有收录）。原本北京大学校园内就有许多毛黄栌，如俄文楼西北山丘处，后来我还亲自植入一株于四院。但黄山栾和鹅掌楸以前在北京大学是不曾有的。1988年，北京大学校庆时出版过一本很有价值的、评述得当的小册子《燕园景观：北京大学校园园林》，作者为谢凝高等，此书附有"北京大学校园主要园林植物名录"，列出燕园常见、有特色的植物132种。但没有列当时就存在的特色植物荇菜和互叶醉鱼草（*Buddleja alternifolia*，玄参科灌木）。前者在北京大学未名湖和后湖中广泛存在，后者据我了解只有一株，存在于我们哲学系四院南墙边，与杜仲为邻。据说北京师范大学校园中也有，但我本人没见到，在中国科学院香山植物园（现为国家植物园南园）中倒是见到几株。这部小册子如果再版的话，应当加上黄山栾和杂交鹅掌楸，它们都非常好看，都是非北京物种。

北京最大的一株杂交鹅掌楸，位于北京植物园的北部。

"外来"两字非常含糊，可以指校园外、北京城外、北方以外、中国以外等。确切说，在这里它们指不是本地的植物，在华北一带本不存在野生种或者以前也没有在本地露地栽培过。《北京植物志》也没有收录鹅掌楸，下次修订，估计能够收录。顺便一提，这部不错的植物志，也该修订了，北京市的科学基金应当大力资助这项基础性的工作。

哪一天我退休了，闲着没事，可能着手写一本《北大草木志》。北京大学的植物极为丰富，完全有资格专门写一部书，配上详尽的彩色图片。如今冠以"北京大学"字样的图书多极了，据说有些还畅销，如《到北京大学听讲座》。其实，出一本《到北大看植物》，倒是不虚的，同样也可以出版《到武大看植物》《到中大看植物》之类。到北京大学校园内看上一天植物，大概不会令人失望，猬实、流苏树、银杏、水杉、雪松、五叶槐、粗榧、扶芳藤、红瑞木、山皂荚、杜仲、辛夷、黄金树、楸树、紫薇、海州常山、菊芋、萱草、地黄等都别具一格。鹅掌楸等是新到之客，老校友返校时不妨一看。2002年，我曾在哲学系四院做过试验。初步统计的结果出人意料，弹丸之地竟然有27科33种植物，有些特别小的草本植物还没有计入。这些内容被我写进《植物的故事》一书的第一章"小院留芳：四院的植物"。田松博士曾鼓励我扩大范围，继续做下去，可是植物对于我和我们系毕竟是旁门左道，我可不上当！

2000年夏，陈嘉映、彭锋老师和我三人带着一班本科生20余人到浙江富阳进行"社会调查"实习。那真是一次愉快的旅行，我们与同学们一道游了龙门古村落、绍兴鹅池、杭州灵隐寺和西湖、千岛湖、黄山等，留下诸多美好回忆。这是容易理解的。不过，我特别记得一件事：见到并拍摄下一片美丽的鹅掌楸（马褂木）树叶，不是纯种。

上左图：浙江富阳富春江边的一片鹅掌楸叶，不是纯种，2000年摄。叶片先端截形。此叶曾印于文集《一点二阶立场》的封面上。

上中图：鹅掌楸叶片，每侧只有2个裂片，其中靠近叶柄的一对裂片形状奇特，有点像三星堆出土之青铜人像的眼睛。

上右图：杂交品种鹅掌楸的叶片。注意每侧比马褂木多出一个小裂片。

下图：大小不一的鹅掌楸叶片。

在一个连绵的雨天，我们下了火车又转汽车，终于来到了离杭州不远的富阳，住到了山坡上的工人疗养院。山下是宽阔而慵懒的富春江，郁达夫的故居就在这江边。这条江有三个名字，上游叫新安江，下游叫钱塘江，中段才叫富春江。雨下个不停，我们顶着小雨从山坡上下来，步行二里地到一家造纸厂"华宝斋"吃饭。途中沿富春江边的一条公路而行，突然间我发现草坪上落了一枚淡黄色的大树叶，走近一看是鹅掌楸叶，忙从包中取出尼康单反相机（普通相机，不是数码的），顶着雨拍了一张，天太阴，只得打闪光灯。

这就是后来出现在我的文集《一点二阶立场：扫描科学》（上海科技教育出版社）封面以及其中每一篇文章开始处的树叶，叶周边的草坪用Photoshop都挖掉了，主体虽然突出了，可色调也改得偏红，不如原来的好看。出版社把它制作成一个图标，据说用以表示"博物"。那书列在"八面风文丛"第一种，后来每一种都采取了这个模式，如《科学救国之梦》《邮票上的数学》《泡沫》《堂吉诃德的长矛》等封面都采用了某一个特别的图案。我那本文集封底写着："封面植物为国家二级保护植物鹅掌楸的叶。鹅掌楸（*Liriodendron chinense*），又名马褂木，木兰科，鹅掌楸属，落叶乔木，叶裂成马褂状，叶脉貌似左右对称。2000年摄于浙江富阳。"严格说，这段文字不够准确，因为图中的鹅掌楸不是纯种，而是杂交种。

富阳有位不相识的园林工作者，在网上看到了我拍的鹅掌楸照片后，写来一封信，告诉我那里除了行道树外还有野生的鹅掌楸古树，树龄在百年以上。我猜想，那一定是一个地道的纯中国种，因为那时候大概不会有人去做杂交的工作。

鹅掌楸究竟有什么特点？一看图片就清楚了，我猜想多数人从来没有见过有这般形状叶子的植物。它最特别的地方也就在于叶子：

（1）先端截形，像是人工切断了一般，然而它是自然长成的。因了这个形状，在中国鹅掌楸也叫"马褂木"，意思是叶片外形像旧时的马褂。

（2）叶片大小变化较大，小者宽1厘米，大者宽50厘米，相差50倍。从树根部长出的叶子常常有巨型的，宛如一把大扇子。最小的叶子往往出在大树干上。个头虽小，叶柄却很长，模样也不差。

（3）叶全缘，叶形与叶脉自身左右对称。当然，这种对称不是数学意义上的，它不可能具有那种完美的对称。但是它确实非常接近于完全左右对称。如果左右对合的话，两侧接近重合。实际上，鹅掌楸的叶子刚出来时，每片叶子确确实实左右重叠在一起，像是孩子做的剪纸，在其后的生长中它会慢慢展开，角度由0°变为180°。

（4）叶缘的曲线很特别，总令我想起长江流域"三星堆"出土的文物。三星堆出土了若干青铜人头像，高24~50厘米，其中二号坑出土的两尊头像的眼部与鹅掌楸叶的裂片极相像（参见《中国国家地理》2001年第4期）。这当然是一种巧合，但两者都来自遥远的过去，还是有些共同点的。

鹅掌楸属于双子叶植物门中的木兰亚纲木兰目木兰科。木兰目是被子植物中最原始的一个目，其原始性状表现为木本、单叶互生、全缘、花辐射对称、花被萼冠无明显分别。鹅掌楸属植物自白垩纪至第三纪时广布于北美，但后来大量消失。第三纪冰期劫里逃生的仅有两个种了，一个在北美东南部，一个在我国长江以南各省区，越南北部也有。目前我国南京、青岛、昆明等地也栽培有北美鹅掌楸。科研人员用两者杂交，又造出了一个杂交种，杂交种被广泛引种。

鹅掌楸的同科植物有许多，也容易见到，如五味子、南五味子、玉兰、广玉兰、含笑、辛夷、白兰花等。仔细观察，它们的花和果有许多共同点，正是由于这些共同点，它们才被分在一个科中。

鹅掌楸嫩枝生长端可见两片叶状托叶。

鹅掌楸生出的嫩叶，左右对合，网状叶脉清晰可见，叶缘的曲线十分好看。生长过程中会逐渐展开。背景是鹅掌楸的树干。摄于2004年6月9日。

上图：鹅掌楸的花。花单生于枝顶，花被片外边的呈绿色，内面的呈黄色，花被片
9，勉强可分出萼片3片，淡绿色或淡黄色，花瓣6个，黄色。雄蕊和心皮多数。
下图：鹅掌楸的雄蕊与柱头。注意花丝不呈丝状。雌蕊分化不明显。

上图：鹅掌楸的树皮，有白色纵条纹。

下图：鹅掌楸的聚合果呈纺锤形，长7~9厘米，由具翅的小坚果组成，每一小坚果内有种子1~2颗。此图为种子掉落后剩下的"种鳞"，中部尖端为伸长的花托。

上图：从枝顶观察鹅掌楸的叶片。2002年9月摄于北京植物园西部的一个小苗圃。

下图：鹅掌楸的果枝。注意嫩叶的叶柄很长。外面的花被片此时呈深绿色。

北美鹅掌楸又称百合木，其拉丁名写作*Liriodendron tulipifera*，叶每侧有3~5个小裂片，其中前端一个较大。而中国的鹅掌楸（*L. chinense*）也叫马褂木，每侧只有2个小裂片，靠近叶柄的一对呈牛角状，像上文提到的三星堆青铜人像的眼。小裂片是否多出一对或两对，是区分这两个种的主要外在特征。由此可见，我在富阳拍摄的，在"国图"以及植物园见到的，均不是中国纯种鹅掌楸，因为它们的叶子上，靠近叶柄处都多出一对小裂片。它们也不是北美的鹅掌楸，而是中国与北美两个种的杂交种。北京市植物园那一大片鹅掌楸树牌上标着来自南京，为杂交种。弗朗茨（F.A. von Franz，1798—1824）曾绘制过北美鹅掌楸。图中共画了6片叶子，3朵花。其中有4片叶子的每一侧分别有3~5个小裂片，先端的一对最大。我相信弗朗茨画得相当仔细并且准确，那么这幅画中的植物当能代表18—19世纪典型的北美鹅掌楸。从互联网上容易查到现在北美鹅掌楸的照片，叶子每侧小裂片一般是3~4个，没见到5个的。总之，可以肯定，北美鹅掌楸小裂片多些，至少每侧3个。而中国的鹅掌楸通常是每侧2个。

至于杂交品种的鹅掌楸，则叶形较复杂，同一棵植株中，有的叶像中国的鹅掌楸，而有的叶像北美鹅掌楸。反过来，见到一棵树上两种叶形都有的，可以猜测它为杂交种。

南京中山植物园有纯种鹅掌楸，在北京能够找到吗？能，但非常少。我只在北京植物园热带温室万生园的西北侧边缘一个通常没有人光顾的小苗圃里见到过。那里原来植有几十株中国鹅掌楸，但去年那些树苗被挖走了，不知栽到了何处。

弗朗茨绘制的北美鹅掌楸，叶子上每侧有3~5个裂片。

截裂翅子树

　　南宁厢竹大道北段东侧，有一个相当不错的植物园，我去过四次，它的全称叫广西药用植物园，归广西壮族自治区药用植物研究所、中国医学科学院药用植物研究所广西分所管理，创建于1959年。在这个园子里，我见到过许多南方特有的植物，如黄檀、榼藤（过江龙）、中国无忧花、团花树、草豆蔻、阴香等。

　　最近两次去，我都看到并拍摄了一种大叶子的植物。叶宽阔，类似鹅掌楸，前端呈截形，有点像平板簸箕。它就位于植物园西侧入口处，周围植了许多金花茶。这种树长得挺慢，还处于幼龄。两年前还没有结果，而2009年已经有果了，树高仍然不过4米。地上和枝上均有陈年的木质蒴果，呈五角形均匀开裂。树上也有未成熟的新果，外形极像酢浆草科的阳桃，新果外被铁锈色的茸毛。用手摸起来，果实十分坚硬。这次在藤本区的西南角，我又发现了一棵大树。

　　两处的树上都没有标牌，两年来我始终不知道它叫什么名字，问过几个人，没有线索，我自己也一直懒得查。实际上以前也不是完全不想查，而是脑子里没有线索，估计查也是白费力气。这种植物的叶和果太奇特了，这回一定要知道它的名字。2009年12月3日，晚上我在南宁市东春大酒店的住处，将笔记本电脑接上用了半年多效果还可以的中国电信无线网卡，开始了漫无边际、多少有点靠运气的查询。经过半小时的努力，成功查到它的名字：截裂翅子树！

《中国植物志》80卷126册，如何查？虽然现在已有免费电子版，但没有一定的植物学知识，还真不好查。我的窍门是，先根据已有的知识大胆猜测。猜错了没关系，再重猜一下嘛。根据果形木质蒴果并有5条棱，一开始猜是酢浆草科阳桃属，结果没查到。后来猜是梧桐科（现在已经合并到锦葵科），运气非常好，果然是这个科的翅子树属植物。这个属在中国共有9个种。再根据叶形和果形，迅速确定就是截裂翅子树（*Pterospermum truncatolobatum*）。当然，查植物的名字并非每次都如意，查不到的情况也经常有。当我们不知道某种植物名时，有关它的任何一点点信息都是重要的，哪怕是土得掉渣的名字也绝对不能放过。在博物学中，"马太效应"是自然的，"见多识广"的说法一点不差。认识的植物多了，再碰到新植物，自然能够与以前的植物对比，迅速进行"聚类分析"，大致猜测到它所在的科或属。如果本来就底子薄，那就不好办，只有多问、多记了。2009年的时候，手机应用还不够发达，当时我还没有智能手机。那时也没有识花软件。

博物学的名实对应是一种技艺。认物种，需要把公共知识再次转化成"个人知识"（personal knowledge）。个人知识是科学家、哲学家波兰尼（Michael Polanyi，1891—1976）首先倡导的一个概念，通常人们只在科学哲学和科学社会学的意义上使用它。再次读他的书，有个小发现，我感觉颇得意。名著是需要反复读的，带着不同的问题，会读出不同的内容。其实波兰尼在厚厚的大作《个体知识》中用相当长的篇幅讲了植物学的内容，如第12章"致知生命"，"致知"对应的英文词是knowing。在我看来正好可用"个人知识"来描述博物学的特点：先由个人知识转化为公共知识，然后再由公共知识转变为个人知识或者默会知识。顺便一提，波兰尼是我最欣赏的科学哲学家。

"个人知识"是个看起来矛盾的概念，现在都讲客观知识、公共知识，为何还要提其反面？其实，它非常重要，它是人类知识的一个重要环节，缺了它就不会有知识。个人致知（personal knowing）过程揭示了知识的实际获取和传承方式。甚至可以说得极端点，"公共知识"并不是知识，唯有个人知识进入了生活世界，才是你的、我的具体知识。这个道理其实很简单，比如一百多册的《中国植物志》，记录了3万多种植物，我敢说没有一个人能够认识其中的所有植物。能认识3000种的也不多。不能说《中国植物志》编出来了，出版了，那些知识就自动被大家理解了、掌握了。只有通过笨办法，一种一种地与实物对照才能认识。有时需要与多种实物对照，并且参照多方采集的标本，才能认识一种植物，掌握相关的知识。一个人认识了、掌握了一种植物，以后碰上这种植物，并非要按植物志检索表那样根、茎、叶、花、果扫描一遍才会认出它来，而是以"格式塔"的方式，一下子从整体上认出来，就如同我们遇见并认出亲戚、同事一样。一株植物，在个人的记忆中是一种整体图像，而不是琐碎的数据，只是在需要时，个人才把它转化为供分析的数据。

看图识字，是给孩子用的，而看图识植物、认动物，适用于所有人。语言用于描写，效果非常有限，而图形中包括了语言难以刻画的东西。这样看来，《植物名实图考》《植物图说》《中国高等植物图鉴》之类著作，就并非如一般人想象的类似读图时代的图画书了。这类图谱书，是记录、展示并传播博物学、植物学、动物学的重要方式。

上左图：科学哲学家波兰尼。　上右图：截裂翅子树的叶。
下图：广西药用植物园中的金花茶，山茶科。

截裂翅子树的蒴果。

瓦松

在西安碑林参观，兴致索然，坏了儿时的想象。这还不是全部。那天竟然见到四位胖胖的法国女游客，在中国导游的示意下，围坐在两块魏碑和唐碑石上休息。我们同行的几位不会说法语，一边比画一边用英语示意她们起来，她们好久才离开那珍贵的文物。到了里间，博物馆管理员在卖拓片，旁边4位小伙子起劲地拓碑。细心数了一下，每拓一张，至少要用木槌在文物上敲23下，大约5分钟能拓一张。原本想仔细看看自己喜欢的柳体字碑，不料竟是假的。（当时我们一直为古碑遭遇的不幸担忧，同行一人说那碑可能是假的，只是当游客的面做做样子，好让人们购买拓片。果如此，还算找到了一点安慰。那么，骗人该如何解释？咳，骗人总比害文物要好一点。）

扫兴中顶雨走到院中透气，抬头猛然间发现了房瓦上的一种植物：瓦松，心情顿时好转了一半。掏出相机，变焦，取景框闪烁，示意电池即将耗尽，急忙拍下最后一张。

陕西西安碑林院内一房屋上的瓦松。2002年7月16日摄。

说来巧合，几天前在陕西曾几次见到过瓦松。一次是在革命圣地延安的王家坪。那天下午在匆忙中参观了王家坪，留下的主要记忆是展板上记录着彭德怀1958年11月7日讲的几句："延安的人民群众在战争年代做出了很大贡献。新中国成立这么多年了，延安为什么这么落后？老百姓的生活为什么还这么苦？我们究竟给延安人民做了多少事？对不对得起延安人民？你们当干部就要为人民办事，要讲实话，办实事，不能当官做老爷。"那位延安的女讲解员似乎只有在讲这一张展板时显得有几分激动，看得出来，她的语调发自内心。在回想彭德怀的牢骚中登上了大客车，车子缓缓向王家坪的窄门驶去，凭窗一望看见了满房子的瓦松。从来没有见过如此多的瓦松，快速换上80~200厘米的镜头（那天没带数码相机），连拍了几张。

　　另一次是由延安回西安，中途参观黄帝陵。轩辕庙中树龄数千年的侧柏让人心情凝重，传说中人文初祖黄帝"手植柏"，就位于进大门后

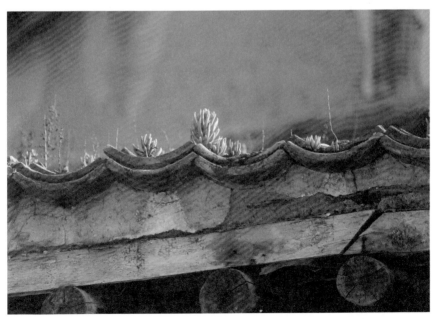

延安王家坪革命旧址一间房屋上的瓦松。

陕西黄陵县轩辕庙中"汉武帝挂甲柏"上的瓦松。

左手最显眼处。是不是黄帝亲自所植不好说，但这古柏年龄确实不小，造假不大容易。祖宗植树，后人受益，这教育意义是显然的。果然，手植柏西侧有中华名树公选养护活动办公室和黄陵县人民政府立的"中华名树碑"，碑文曰："人文始祖亲手植树是向子孙们呼唤和昭示……前人栽树，后人乘凉，我们是前人的后人，又是后人的前人。"

另一株有趣的古柏是"汉武帝挂甲柏"，又称将军树。据说汉武帝征朔方还，挂甲于此树。这多半是猜测，主要原因可能是这株古柏树干斑痕密布，纵横交织成甲片状，后人附会挂甲所致。从外形看，这株古柏并无特别之处。但抬头向上望，在离地约 3 米处，巨大柏枝上竟然生长着一株株植物，细看乃瓦松，总共有10~15株。这般生境，神了，从来没见过。顾名思义，瓦松一般生长在房屋的瓦缝中、山梁或者山坡石缝中。这古柏粗糙的树皮中能够积攒多少营养和水分？不过，那瓦缝与石缝中又有多少呢。

在陕西最后一次目睹瓦松是在华阴市的华山，那是在由险峻的北峰向中峰挺进的途中，光秃秃的白色花岗岩脊梁两侧不时可见到微微泛红的瓦松。这是我实地见过的最漂亮的瓦松，但拍摄十分困难，稍不小心便可将小命断送了。因为一旦滑下，摔下约1000米的深渊，定死无疑。我小心地换上长焦镜头，勉强拍了两张，那时天气又不好，景深范围较小。我后悔背了重重的大背包（带了 4 瓶水和干粮，几乎等于瞎忙，因为山上甜甜的西瓜才2元一斤，"开水＋方便面"比火车上还便宜），偏偏没有带上数码相机。教训：以后一定同时带着两种机器。不过，那天心情极佳，登上2160米高的华山极顶基本没费劲。一行二十多人，只有两人登上了顶峰。

说了半天，瓦松其实是一种很普通的植物，在北京也能见到，只是没见哪家房顶着生的（后来在怀柔和延庆多处民房上见到）。北京城已是水泥的世界，哪有瓦松的活路？

瓦松（*Orostachys fimbriata*），是景天科瓦松属植物，二年生或多年生草本。瓦松之名早见于苏恭《唐本草》。

瓦松株高15~25厘米，叶肉质，基生叶莲座状；茎生叶散生，线形，无柄。花序圆柱形总状或圆锥状，苞片线形，花瓣淡粉红色。全草含草酸，可入药，有止血、敛疮之效。

在北京地区，高山顶部容易见到瓦松。这不，在北京门头沟北港沟的半山腰处看到一株，莲座状的瓦松正好处于巨大的砾石中间一个小凹陷处。可能这儿正好掉了一颗小砾石，多少年来积累了一点点尘土，瓦松的种子飘落于此，便生长起来。

　　北京西山的鹫峰和阳台山的山顶都有不少瓦松，但想爬到山顶也得出点汗才成，所以在北京城看瓦松可不像在农村那么容易。

上图：河北赤城的瓦松。
下图：北京鹫峰山梁上的瓦松。

栽培的瓦松。花序呈现穗状或者总状。

据瓦松的生境，我猜想它一定好养，于是在一个曾养过水仙的瓷盘中栽了几株。这瓷盘的缺点是下面没有排水孔，涝了没法自动排水。不过这环境与它长在石头坑中相似，只是平时注意别浇太多水，旱点没关系。我养得如何？看看照片就知道了。养瓦松的盘中还长出了酢浆草。在自然条件下，它俩是不会生长在一起的。既来之，则安之，索性留它陪着瓦松。

上图：家中用瓷盘养的瓦松。　下图：栽培的瓦松。花瓣5个，雄蕊10个。

北京怀柔的钝叶瓦松。

瓦松并非只有上述一种，同属植物还有狼爪瓦松、钝叶瓦松等。后者分布在高海拔地区，喜欢砂砾土质。我在《中国长白山高山植物》一书中见过，也在吉林长白山、北京怀柔喇叭沟门实际观察过。实话说，钝叶瓦松确实更漂亮，楚楚可爱。

有人曾问，什么植物最好看？我说，都好看，关键要带着美的心境。

我觉得，瓦松就很耐看，且百看不厌。你如果觉得不好看，那是因为你不喜欢它。

肆。

胜日寻芳

到秦岭看植物

秦岭位于我国中部，是中国南北的分界线，地理学、气象学上都特别重视它。秦岭对冷空气有明显的阻挡作用，岭北属于暖温带作物区，岭南则属于亚热带作物区。举例说，北边关中地区不能种柑橘，而在南边汉中地区，枇杷、蜜橘、脐橙等均长势良好。再比如，西安位于秦岭北侧，近乎同一经度的安康位于秦岭南侧。一月份两地平均温差达4.2℃，两地极端最低温差达11℃。形象点说，秦岭的存在相当于使岭南的安康南移了350千米（据林之光，《气象万千》，湖南教育出版社，1999年，第63—64页）。

秦岭地区也有浓重的历史人文韵味，诸葛亮几次出祁山（实际的历史、地理与演义略有出入），均围绕秦岭做文章。子午道、傥骆道、褒斜道、陈仓道等，千百年来诉说着人与人、人与自然无尽的故事。

秦岭保存了一批极珍贵的野生动物，包括一些国家一级保护动物，如大熊猫、羚牛、金丝猴、朱鹮等。这些动物举世闻名，为人们津津乐道，媒体也不断报道。日本人对朱鹮格外喜欢，其学名*Nipponia nippon*竟然两次出现日语中的"日本"字样。这种鸟曾广泛分布于东亚地区，如今唯有中国秦岭还有野生种幸存。为什么唯独在这里还生存着这些动物？

我一直想找个机会，亲自到陕西秦岭去看看。我的兴趣主要在植物以及地质。《秦岭植物志》早已出版，记载了比东北和华北远为丰富的植物种类。陕西境内的华山，我于2002年就登过，其险峻和典型植物我已有印象。但华山只属于秦岭东段，不能反映秦岭的全貌，欲了解秦岭必须亲自登上太白山。

2005年五一国际劳动节期间，机会终于来了。4月底《中国国家地理》杂志执行主编单之蔷先生邀我参加他们的考察队，一同穿越秦岭，野外考察时间约一周。我们将攀登秦岭主峰太白山的最高峰——拔仙台。其海拔为3767米，与西南部一系列雪山相比，这个高度算不了什么。但是，在我国境内，此经度（约东经107°）以东，拔仙台的海拔算最高了。此山相对高差较大，达3100余米。这样的山，对于户外爱好者来说，绝对有亲自全程欣赏的必要。

行前，我急忙复习了大学本科"大地构造"课程中有关"秦祁昆地槽"的内容。构造地质学中要花相当大的篇幅讲述秦岭地区的地质演化，其中秦岭与祁连山、昆仑山被放在一起。记得当年（大约是1986年）北京大学地质系的马文璞教授给我系4个专业的本科生一同上大地构造课。马老师讲得很生动，也很有哲理，甚至还专门引用了科学哲学家库恩的理论。我第一次听说库恩，就是在马老师的课上。可是，这门课程的内容决定它本身还是显枯燥，要求死记许多东西。上完课后，对秦祁昆地槽的海陆变迁史，仅有一个朦胧的印象，只记住了那里构造演化极为复杂，地貌上北陡南缓。

接下来，就是到图书馆借阅与秦岭有关的植物地理、生态、植物志书籍，"恶补"一下。俗话说："临阵磨枪，不快也光。"

秦岭地质地貌特别，得天独厚的自然环境及人类活动影响相对微弱，使得一些在其他地方早已灭绝的珍稀动植物得以幸存。但到达西安

上图：四株并排生长的兰科扇脉杓兰。摄于陕西佛坪。

中图：秦岭大熊猫保护区核心区的背包客。五一国际劳动节期间，天南海北的背包客来到秦岭，人数之多、装备之精良，令人惊奇。

下图：金丝猴可能算是世上最美丽的猴子。摄于周至县王家河。这群金丝猴处于半野生状态，经常有专人上山赶猴、投食，把它们引到指定地点供科学家研究和游人欣赏。

的当晚，在2005年4月28日的《西安晚报》上，还是读到有人毒杀野生动物被判刑的消息：周至县的何某某非法杀害濒危的红腹锦鸡34只、环颈雉59只，一审被判10年。铤而走险的原因在于，外界有人求购珍稀动物。动物因名声显赫，而引来杀身之祸，可动物惹谁了？

在秦岭的一周当中，当地人断续向我们讲述过个别利欲熏心的科学家以认识真理的名义不道德地研究某某动物的事情。这些故事在北京时竟然从来没听说过，媒体似乎也没有提及。

我们用了一天半的时间考察佛坪大熊猫自然保护区，穿越了保护区的核心区，却连大熊猫的一根毛也没有见到。原因很多，但大家只要看一下我随手拍下的照片便晓得其中缘由了：大队的背包客不远百里、千里甚至万里赶集似的涌入自然保护区，野生动物即使胆子锻炼得大了许多，见这阵势也会躲得远远的。男人、女人，老人、小孩，本地人、外乡人，中国人、洋人，科学家及普通百姓，抱着不同的目的，怀着各种心态，都看准了秦岭这种剩余不多的自然环境。我在想，我算哪一类？我是否有权踏上这秦岭之地？

在周至县王家河看野生金丝猴时，心情也是矛盾的，像压了一块石头。其实那群美丽的金丝猴，算不上纯野生的。因为有专人投食，从山上把猴子哄骗（吸引）到指定地点，一则为了科学研究，二则供游人参观拍照。每年从这里都会产出有关金丝猴的数篇学术论文。这些通常用外文发表的论文回过头来可作为"归纳的基础"，用以申请下一阶段的研究经费。人们有一千个理由这样做，并为此得到嘉奖。但是，长此以往，金丝猴会怎样？有谁真的站在动物的立场、生态系统的立场上做长远的考虑？

植物的情况要好得多，也许由于这里有更出名的动物，吸引了眼球，无形中植物免受祸害了。设想当明星植物直接吸引人们的眼球时，情况会更惨：植物没长腿和翅膀，即使害怕外人也只好忍着，不能主动规避。

秦岭地区虽然没有国家一级保护植物，但二级保护植物有许多，比较出名的有独叶草（*Kingdonia uniflora*）、星叶草（*Circaeaster agrestis*）、水青树（*Tetracentron sinensis*，水青树科）、连香树（*Cercidiphyllum japonicum*，连香树科）、山白树（*Sinowilsonia henryi*，金缕梅科）、翅果油树（*Elaeagnus mollis*，胡颓子科）、香果树（*Emmenopterys henryi*，茜草科）、太白红杉（*Larix potaninii* var. *chinensis*，松科）、狭叶瓶尔小草（*Ophioglossum thermale*，瓶尔小草科）等。对于一位业余植物爱好者，这些闪光的名字无疑具有极强的诱惑

国家二级保护植物山白树。此行没有见到野生的，此株摄于楼观台保护区的公园中。

力，能够实地观赏它们将是一种莫大的荣幸和满足。行前，我收集了所有这些耀眼植物的信息，把相关彩色图片用Photoshop合成到一张大图片中，标上名字，存到随身携带的笔记本电脑中。此行能够看到几种呢？最好是全部，最糟糕的情况是一种也看不到！

陇蜀杜鹃与太白红杉。虽然已到五一国际劳动节，山上积雪仍然很厚。此图为站在太白山海拔3400米左右向北拍摄。

虽然我们用了6天时间穿行于秦岭地区的周至、太白、佛坪、洋县、汉中等地，攀高山、穿河谷，但由于季节、路线、时间、运气等因素，野生状态的上述植物此行只见到太白红杉（在太白山）和狭叶瓶尔小草（在佛坪）。太白红杉其貌不扬，与我们常见的落叶松差不多。为了弥补野外见识的有限性，最后一天上午，挤出时间来到西安植物园，见到了栽种的翅果油树。此前，在周至县的楼观台国家森林公园不期而遇山白树。行前最想一睹风采的独叶草却始终没有见到（2007年，我在四川黄龙意外碰到许多，可以说遍地都是，采集的一份标本赠送给北京大学生物系标本馆了）。也好，下次再来秦岭，也算有了一个理由。同行的中国科学院地理所的戴君虎老师与我是校友，其学位论文研究的恰好是太白山植被，他已数次登上太白山主峰。一路上，关于植物、生态保护和生态伦理，我们有说不完的话。

此行考察路线分五段，重点在傥骆道的南北：①西安—周至—楼观台国家森林公园。②汤峪—太白山国家森林公园—下板寺—上板寺—大爷海—拔仙台—玉皇池—药王殿—南天门—铁甲树—厚畛子。③大滩—王家河。④佛坪—凉风垭—三官庙—大古坪—岳坝。⑤洋县—汉中—留坝—凤县—宝鸡—西安。其中①与⑤主要与动物有关，在此看到了"圈养"的珍贵动物，如秦岭大熊猫、羚牛、金丝猴、朱鹮等。在③的王家河玉皇庙山，花两个半天时间，终于看到了半野生状态的金丝猴。而观赏植物，则主要在线路②和④，太白山和佛坪是两个核心。就地质而言，太白山一线及厚畛子顺河东下一线最有观赏价值。

我们冒雨雪、忍寒冷，穿着湿衣服，夜宿大爷海，共用一天半时间，在5月1日上午成功登上拔仙台。海拔3767米的那块岩石就在眼前，此时仅有十多厘米高，一脚就可以踏上，我有许多理由踏上去，甚至留影，以示终于"征服"了这个高峰。但我犹豫了一下，还是没有踏上，而是匍匐在地，向拔仙台四周拜了几拜。太白山是神圣的，我与它相比，无限渺小。留下一步，可以表示对大自然的敬畏。

李白、苏轼、于右任、邵力子等名人都登上过太白山最高峰，面对这神应公（唐）、明应公（宋）、昭灵普润福应王（清），恐怕也是肃然起敬吧。李白在《登太白峰》诗中云："愿乘冷风去，直出浮云间。"书法家于右任在太白殿题诗："劳人欲了公家事，太白山头读道书。"太白山是众神之山，历史上三教融通，拔仙台就曾建有一座三圣殿（三圣指老子、孔子、佛祖）。1777年，天主教也在太白山建教堂，开展宗教活动。

秦岭植物物种数接近北京地区的两倍，好看的自然不少，对于北京人来说稀罕的物种有许多，特别是兰科植物，如扇脉杓兰（*Cypripedium japonicum*）。在佛坪接近三官庙时，保护区的党高弟先生突然喊起来："兰花，扇脉杓兰。"只见行进方向的右手距小路仅一米多远的竹子根部，并排长着4株惹人喜爱的扇脉杓兰。它扇形的大叶子令人想起银杏或蒲葵的叶子。这是我第一次见到它，东北、华北都没有分布，同属的大花杓兰小时候在吉林通化倒是经常看到。也是在今年（2005年），为了看北京地区的大花杓兰，我选择好盛花期，驾车3小时独自一人登上北京门头沟的百花山草甸，如愿以偿。但不幸的是，开车下山时差点翻车，想起来有点后怕。书上曾记载，杓兰不易驯化，不准确。两年前，我和父亲在东北通化随手栽了一株，第二年不但开了花，还自动繁殖出几株（后来一直长得非常好，年年开花）。如用心试验，扇脉杓兰和大花杓兰均可驯化，其叶和花的观赏性远胜过如今花市上许多花卉。但也是有条件的，空气湿度、土壤酸碱度和微生物都是重要因素，在北京平原地区就难以栽活这类植物。

看植物，得讲缘分。2005年4月30日，从汤峪进太白山时，坐在越野车上观察到山坡上数株开着白花的小乔木，远看像樱花。近看，花瓣5，但叶不对，根本就不是蔷薇科的。好不容易发现路边就有一株，请司机稍停车（路窄车多，一般不允许停车），我急忙拍了两张。可是，左想右想也不知道是什么植物，问车上的各位

大花杓兰。摄于北京门头沟百花山。　　扇脉杓兰。摄于陕西佛坪三官庙。

学者也没有结果。几天后，5月4日的早晨，我们由佛坪到凉风垭，准备进入大熊猫保护区，在车上我下意识地问了党先生一句："这里能见到省沽油科的植物吗？在北京此科植物只有一种，我很想知道同科其他植物长什么样。""能，此时它应当正开着花呢。"熟悉秦岭植物的党先生十分肯定地回答。巧得很，话音刚落，党先生指着左前方一株满树白花的植物说："这就是省沽油科的植物。"

下了车，细细打量，正是30日那天认不出来的那种植物。再看叶子，奇数羽状复叶，托叶小并且早落，小叶3，很像3出复叶，这不是典型的省沽油嘛！只是相对而言叶狭长一些。回到北京，查到其名字为膀胱果（*Staphylea holocarpa*），省沽油科。今年春天，我家里倒是植了4株小小的省沽油，只有20厘米高，还不知道哪年能够开花（注：2007年已开花并结果。后来又在北京大学校园植了一株，年年开花）。此前在野外，我只见过省沽油奇特的果实（膀胱状），花从未见过。此番经历，令人美美体验了野外观赏植物的不确定性和趣味性。

"膀胱果"，乡土气息很浓的名字，充分展示了劳动人民命名的智慧。与此类似，黄花油点草（*Tricyrtis pilosa*）、苦糖果（裤裆果）、七叶鬼灯檠（老汉球）、鸡屎藤，也十分准确、形象。植物学家为了文雅一点，把有的作了适当变换，保留了音但换了字。《中国国家地理》执行主编单先生非常爱吃苦糖果的果实，每次遇上都要摘下几粒送到嘴中。我尝了一口，味道一般。

省沽油科的膀胱果花满枝头。摄于陕西佛坪凉风垭。这是作者见到过的同科的第二种植物，在北京此科只有一种，与科同名"省沽油"。

百合科的黄花油点草，叶上的斑点的确非常像油点。

忍冬科的苦糖果（裤裆果）。果实可食。

俗语说，"太白无闲草"；又曰，"走一遍太白山，如读半部《本草纲目》"。意思是说秦岭太白山的植物品种丰富，自古就受到采药人的关注，每种皆有用途。相传药王孙思邈就曾隐居太白山采药。赫赫有名的草药，我们普通人从审美的角度看，未见得如何神奇。延龄草、桃儿七，在此地属于上等草药，有幸也都见识了。实话说，一般。

倒是云南勾儿茶（*Berchemia yunnanensis*，见于王家河、三官庙）、紫堇（见于汤峪、铁甲树）、七叶鬼灯檠（见于厚畛子、三官庙）和三叶木通等颇有特点，令人耳目一新，且难以忘怀。它们分别属于鼠李科、罂粟科和虎耳草科。

云南勾儿茶是到目前为止我识别出并见到实物的第14种（后来又增加了几种）茎为左手性的植物，此前第13种为鸭跖草科的竹叶子（北京有分布）。另12种我已经在北京大学一次"科学与艺术"会议上报告过（文章《博物学与自然美：植物茎手性一例》收于清华大学出版社出版的《科学与艺术》第一卷，2005年3月）。茎右手性的植物颇多，但左手性者较少。因此，云南勾儿茶在我个人心目中的地位是相当特别的。紫堇属的植物非常多，在北京圆明园就能看到许多种，但是秦岭的紫堇最艳丽，叶壮、花大、形好、紫中透白，在沟谷中成片生长，十分壮观，相隔30米就能吸引人的注意力。七叶鬼灯檠叶形如纸伞，嫩叶紫红，"鬼灯檠"之名容易猜到，但当地人称之为"老汉球"是什么意思呢？是因为其横走的粗根。可为什么称"老汉"而不称"小伙"呢？卖个关子，不告诉你，自己琢磨吧。

云南勾儿茶，鼠李科，茎左手性。

上图：为整个山谷增色的紫堇属植物，罂粟科。成片生长，花大，形状别致。

下图：七叶鬼灯檠，虎耳草科，又名老汉球、红骡子、山藕、作合山。

三叶木通（*Akebia trifoliate*）与其变种白木通，均是木质藤本，外表看两者仅叶缘有差别，前者叶缘波状，后者全缘。两者在王家河和佛坪都可以见到。它们的花很特别，花序总状，下垂，长约10厘米，花单性，雄花雄蕊6，雌花花被片紫红色。白木通易成活，人工栽培，既可药用又可观赏（赏叶、赏花、赏藤），果实还可食用。

秦岭太白山上杜鹃花科沿途就见到至少4种，其中陇蜀杜鹃（*Rhododendron przewalskii*）也叫金背枇杷，着实好看。在3400米以上，特别是北坡，厚实而翠绿的陇蜀杜鹃叶子泛着亮光，飘浮在白雪上，花骨朵儿有手指大小，尚未开放，它是劳动节期间太白山上最显绿意的生命。在南坡海拔1500米以下，陇蜀杜鹃不再是趴在地皮上的小灌木，而是3~7米高的乔木，钟形花朵业已开放，把山坡、山谷装扮得十分温馨。令人悲哀的是，背包客及一帮游人大量攀折杜鹃花，沿途时常可见人们亲近完毕，随手扔下的杜鹃花。

淫羊藿、莛子藨、万寿竹、荷青花、七叶一枝花、锈毛金腰等，也很有特点，限于篇幅，有机会再介绍吧。关于秦岭植物，应当有一册小开本的口袋书，彩印，至少收录300种常见的植物，我想一定会受到欢迎。可惜无论到哪里都找不到这样的书。

总之，由北京专程到秦岭看植物，值。去了一次，还想去第二次。听说秋季的秦岭格外美丽。

上图：三叶木通，木通科，又名八月炸。三出复叶，叶缘波状。根、藤和果实均可药用，消炎利尿，治关节炎和骨髓炎。

下图：陇蜀杜鹃，杜鹃花科。

深圳红树林

如果不是亲眼看见，很难想象深圳这座现代化城市，竟有一个国家级红树林自然保护区。它是中国面积最小的国家级森林和野生动物自然保护区，也是世界上唯一的城市中心区内的红树林生态湿地。作为"北方佬"，我看到的红树林实在有限，只在三处见过：广东深圳福田、越南下龙湾、广西东兴北仑河口。截至2009年，我到深圳三次，每次都要拜访红树林。从南山区华侨城的一家"城市客栈"向南步行半小时，就可到达福田红树林。2009年5月8日早上6点，乘着凉意，我来到海边的红树林，为的是观海鸟、看植物。就在几天前，《羊城晚报》报道，深圳"绿肺"红树林污染严重，面积在20年内减半。

保护区北侧是东西向的滨海大道，车流涌动，噪声很大；呈"S"形的滨海小路上有十多人在晨练；红树林中和近海水面有数不清的海鸟在鸣叫。这场景既嘈杂又宁静，全凭你想感受什么。光线还不好，拍鸟或拍植物都不是时候，这倒令我专心地观察、感受周边的一切。远处有数百只大白鹭，时飞时落。我绕过护栏，坐到水边一块不算大的礁石上，近距离地观察一对灰尾漂鹬（*Tringa brevipes*）。

有人说，"红木长在红树林中"，其实完全不对头。家具行业说的红木是紫檀、酸枝、黄花梨、乌木、鸡翅木等紫檀属、黄檀属、柿属、崖豆属及铁刀木属30多种硬木的总称，它们无一生长在红树林中。当然，红树科植物也未必都长在海边，如红树科的锯叶竹节树就长在山地中。红树是多种植物的统称，因其树干砍开后呈血红色而得名。红树林的英文词"mangrove"，来自葡萄牙语"mangue"和西班牙语"mangle"，而它们又来自印第安人对红树染料的称呼。

全世界红树植物约24科80种，中国有12科约30种。此时我身边就有各种各样的红树，最高的不过5米，最矮的则只有10厘米。因为提前做过功课，此时我能直接辨认出来的，有5科7种：红树科的秋茄树（*Kandelia candel*）和木榄（*Bruguiera gymnorrhiza*）、千屈菜科（原海桑科）的海桑（*Sonneratia caseolaris*）和无瓣海桑（*Sonneratia apetala*，《中国植物志》未收此种）、唇形科（原马鞭草科）的苦郎树（*Volkameria inermis*）、爵床科的老鼠簕（*Acanthus ilicifolius*）、大戟科的海漆（*Excoecaria agallocha*），应当说主要类型都有了。严格讲红树植物还可分真红树与半红树，但分法并不统一。前者指只能生长在海岸潮间带的红树植物。而半红树植物指既能在潮间带生长也可在海滩和陆地上生长的两栖植物。其中老鼠簕和海漆就属于半红树植物。这七种植物在东北、华北一种也看不到，实际上红树只生长在北纬25°以南、南纬25°以北的滨海地带。它们构成了地球上一类十分特别的生态系统，在维持生物多样性和缓冲海浪冲击中扮演着重要角色。据《中国绿色时报》，1958年厦门受到强台风袭击，损失惨重，但附近的龙海县（1993年改为龙海市）角尾乡却安然无恙，因为这里的海滩上生长有茂密的红树林。1986年，广西沿海发生特大风暴潮，合浦县398千米长的海堤被海浪冲垮294千米，而有红树林的地方海堤几乎未损。有报道称，中国的红树林从20世纪50年代到80年代初面积下降30%，从那时起到2010年，面积又减少了约40%！

在长期演化中，红树在繁衍后代方面具备了一项特殊本领：胎萌。胎萌也叫胎生，分隐胎生和显胎生。我身边就有数百株等待"长大成人"的秋茄树幼苗，或直立或平卧。实际上它们是刚脱离母树不久的种子胚轴，样子像一种精致的笔，幼叶在笔末梢刚长出一点点。把绘图板的电子笔仿生设计成种子胎轴的样子，或许会受到欢迎。与秋茄树不同，老鼠簕等的种子在果实内萌发，但不形成长筒形胚轴突出果实之外，这种情形称隐胎生或潜育胎萌。

秋茄树的种子在母树上长成后，并不急于掉下，而是接着萌发，长出胚轴。胚轴外端是后代的根部，顶端有尖点，但重心位于近根尖的部分，准备离开的"种子"形状像榴弹的弹头。待成熟后，已经萌发的种子在重力和微风的作用下，开始掉落。种子胎轴的重心"配置"，与体育比赛中的标枪是完全一样的，重心不是位于正中央，而是位于前部。下落时"种子"会迅速旋转，保证尖端（根部）朝下。如果下面正好是淤泥，种子则扎到泥里，像有人特意种下似的。10~24小时后，根尖小黄点处会迅速长出一些根来，这样一来，新的一代就开始在潮间带独立生活了。

如果下面不是淤泥，而是海水，也没关系，这些种子漂浮在水面可以静静等待。即使漂浮十天半月，也烂不了，因为胚轴外表有保护层，富含单宁，不怕虫咬、不怕水泡。

在生命演化的世界里，人们虽然已经摒弃了神学目的论，仍然可以放心地使用"为了"等字眼来准确地描述生物奇妙的适应特征。在潮涨潮落的环境中，植物种子会不断受到海水冲击，盐度大、极度缺氧等也不利于种子萌发，红树植物演化出来的胎生繁殖策略解决了这一困难。秋茄树母树"为了"子女一着地就能很好地生存，让种子在母体上就开始萌发；种子"为了"保存自己，演化出了特殊的化学物质单宁等。不过，在迈尔等演化生物学家看来，适应实际上是一种被动过程，并不存在所谓的"主动适应"。机械论的达尔文演化论有意避免目的论，可是在生活世界，唯有目的性的描述才可能真正回答人们"为什么"的关切。我们又怎么能知道人以外的动物、植物、微生物没有自己的意向性、目的性呢？

不知不觉已快8点了，太阳在大地上蒸起了热气。我绕到保护区的东侧，趁着落潮期间，沿一条小路走进红树林，突然发现距离地面一米多高的树干上竟然有许多海贝在缓慢爬行。再往前走，瞧地上、树根、树干上，这种外表灰褐色的海贝多极了，每平方米就有数十只。个头都不大，长度不超过10厘米，有一些在壳口刚长出一轮贝壳，还没有硬化。螺口耳形，上窄下宽，外唇和内唇的下部都很厚。这种贝我第一次见到，坦率说它不漂亮，但我需要知道它的名字。这时已开始涨潮了，海水迅速追来，我只得赶紧退出红树林。刚一出树林，碰上一位海岸巡逻人员，他催我离开。红树林对面隔着深圳湾和后海湾，是香港米埔自然保护区和湿地公园，他可能以为我要偷渡呢！

回到北京，查丹斯的书、顾茂彬的书，均未收录这种贝。有针对性地采购几部贝类图书之后，终于查到了它的名字：中国耳螺（*Ellobium chinensis*）。有人说了，博物学为何如此在乎名字？是的，名字相当重要。只要知道了名字，前人积累下来的关于此物种的一切知识都容易查到了。

上图：千屈菜科海桑的花。　下图：海桑的花萼。

上图：无瓣海桑。顾名思义，它没有花瓣。

下图：红树科秋茄树胎生的种子胚轴。

上图：红树科木榄的胎生种子。　下图：爵床科老鼠簕。

上图：唇形科苦郎树，也叫许树、苦蓝盘、假茉莉。　下左图：爬到树枝上的中国耳螺。
下右图：深圳福田茂密的红树林，"根是地下的枝，枝是空中的根"（泰戈尔的诗）。

列当：沙漠的温柔

2009年6月14日下午，金杯车从内蒙古恩格贝驶向七星湖。在沙漠想找个人问问路相当困难，司机不甚熟悉道路，经过几番摸索后脸上才现出笑容。他确认沿当前的小道照直向前就会到达目的地。路两侧稀疏的沙柳、杨树和沙枣，以顽强的绿色抵抗着阳光和沙粒的烘烤。透过几十米宽的人工林，远处便是一望无际的沙漠。沙体在接近傍晚的阳光下，呈现迷人的黄褐色。由于不再急于找路、赶路，刘兵让我在副驾的位置上注意周围的景色，随时选择一处美景，停车，大家走进沙漠感受一下。

19时10分，在一座高大的沙丘前，车子停下来，我们欢快地冲向沙漠。其他人忙着彼此照相，我注视着沙地上的植物和昆虫行迹，走在最前头。19时20分，登上一个小沙丘，突然见到了特别的植物。"苁蓉！不，是与苁蓉同科的植物！"我喊起来。有3个小植株，聚在一起。我记下了坐标：北纬40°33'38"，东经108°36'2"，海拔1044米。前天在呼和浩特内蒙古大学博物馆参观时，曾见到一株浸泡在药水里的巨大肉苁蓉，大约有1.5米长。据说这还不算最大的。这种具有传奇色彩的植物在沙漠地区已经十分罕见。我当时顺口说了一句："也许过几天我们会见到一株！"

大家聚集过来，仔细端详传说中的神草，都觉得不大像。由于没有随身带任何植物志材料，说不准它到底是什么，但我可以有把握地判断，是列当科列当属植物。这种寄生植物开着淡紫色的小花，从沙漠中突兀地冒出来。沙漠给人的是干燥、粗犷的感觉，而这种草本植物却给人娇嫩、脆弱的印象，甚至有一丝温柔。它的同胞黄花列当（*Orobanche pycnostachya*）在北京野外常见，门头沟、昌平、延庆都有。它们最主要的区别在花的颜色上。两种植物不分枝的茎、鳞片状的叶，差不多完全一样，均为黄褐色。回到北京，查植物志后确认这种开紫花的列当就是不加任何修饰词的列当（*Orobanche coerulescens*）。

3株列当周围有一些生命力极强的芦苇、苦豆子和菊科蒿属植物。列当科的一些植物常寄生在蒿属植物的根部。这算是我第一次亲见列当。

当晚宿七星湖牧民新村，蚊子很厉害，不提。

15日早上5时40分，大家还在熟睡，趁沙漠还没热起来，我提上相机向东北方向独自走进了沙漠。一小时后返回，在7时整再次遇上列当。共4个植株，聚集在不到四分之一平方米的地方。坐标为北纬40°42'2"，东经108°20'32"，海拔1039米。上午9时4分在大道图湖别墅区附近第三次见到列当，共2株并列而生。这次拍摄时没有记下坐标，因为要上车离开七星湖，刚从相机上摘下土制的GPS，已经来不及重新装上并等信号稳定下来。这样，在不到14小时的时间里，在七星湖附近共三次遇到9株列当。

列当与同科的肉苁蓉、草苁蓉、黄花列当一样，传说中能补肾壮阳、强筋止泻。我猜测，即使有道理，其中社会建构的成分也很大。"全民补肾"不是任何自然草药能应对的。

不过，我一直在思考"列当"两个字的含义。它出自宋代《图经衍义本草》第19卷，也写作"栗当"。查过一些资料，关于两字的含义没有确切答案。明代《永乐大典》中讲到列当："又下品有列当条云：生山南岩石上，如藕根初生。掘取阴干，亦名草苁蓉。性温补男子。"此说沿用《图经衍义本草》，叙述几乎一模一样，所述植物显然是今日之列当属植物。但这并没有解释"列当"两字从何而来，我猜测它与古代天文学有关。

梅特林克（Maurice Maeterlinck，1862—1949）曾说，语言精心地给野花穿上了最美丽最合身的衣裳，她们的名字作为五彩缤纷的透明衣料，恰到好处地勾勒出她们背后的形体，散发出相应的色彩、香味和声音。

还是这位梅特林克指出，野花最先教会我们的祖先懂得我们的星球上存在着无用却美好的东西。

学会欣赏无用却美好的东西，说得真好。博物情怀讲的就是这个。

从恩格贝赶往七星湖，在沙漠边上见到了美丽的湿地。这里水鸟非常多。

列当科列当。摄于内蒙古鄂尔多斯七星湖。 列当科黄花列当。摄于北京延庆阎家坪。

上左图：内蒙古库布其"沙漠大峡谷"沙湖边上的芦苇。

上右图：达拉特旗的"沙漠大峡谷"。1995年夏鄂尔多斯台地突降暴雨，汇成山洪，仅用7小时就冲刷出一条10千米的沟壑。山洪切割很深，地下随之露出许多泉眼。

下图：人工固沙。效果如何，以后可来复查，坐标为北纬40°21'34"，东经109°25'41"。

杨椒山的故乡

三月不知春色暮，重门深锁贯城寒。

东风错认王侯院，误送飞钱落枕单。

这首诗写的是榆钱，题目就叫《风送榆钱入户》。榆钱乃榆科植物榆树的种子，中间厚，边缘薄，外表像手擀的饺子皮儿。这首诗的作者非一般人，他还写下对子"铁肩担道义，辣手著文章"。难道是李大钊？非也。李用的是"妙手"而不是"辣手"，两副对子只有一字之差！孰先孰后？

诗作者为杨继盛（1516—1555），明代进士，忠臣，字仲芳，号椒山。他因奏疏《请罢马市疏》和《请诛贼臣疏》两度遇险，40岁时为反腐败而献身；1567年冤案昭雪，赠谥"忠愍"。2010年4月23日，北京大学临湖轩东侧的榆树长出浓绿的榆钱，吸引了一群灰喜鹊前来啄食。十多只鸟叫喳喳，上蹿下跳，全然不顾树下小路上的行人。当时我在静候红嘴蓝鹊，无意中目睹这一场面，遂想起小时候爬树摘榆钱生吃，也想起杨椒山的这首诗。

北京宣武区（2010年撤销，并入西城区）达智桥胡同12号有一处市级文物保护单位：杨椒山祠（松筠庵），坐标为北纬39°53'43"，东经116°22'1"。传说，祠中有一株杨先生亲手栽种的榆树。我特意去瞧，未见。房屋已经出租给小贩，拥挤的后院中有一株大树，不是榆树而是加杨，旁边有一棵较大的枣树和一棵很小的香椿，东侧墙边另有一株石榴，看来不是明朝的遗物。

杨椒山字写得棒，文章做得好，办超然书院培养了众多弟子，更重要的是他仗义执言，堪称中国知识分子的楷模。杨先生的老家在河北容城北照河村。地图上，河北容城东北角的八于（也写作八余）乡以旅游风景点的形式标有"杨家祠"，想必与杨椒山有关，这是本地区少有的文化景点。何不前往拜祭一下并看看河北的植物？"说走咱就走"，我决定5月4日驾车南下，目的地就定在北照河村。

出发前规划的路线是：由北京向南，走京开高速，过固安和霸州，向西北折向雄县和白洋淀温泉城，再到白沟和容城，经定兴返京。

过了干涸的永定河，出北京进入河北固安。北京城的国槐尚未发芽，而城南80千米固安县的国槐新叶已长出10厘米。北京的杏刚落花，这里的，果实已有小指头大。一路上停车免费看了5家麦地、2家苗圃。大平原上麦地差不多都经过充分灌溉，麦子墨绿，长势喜人，但还未抽穗。剥开麦梢，现出裹在里面的麦穗，长约8厘米。麦田颇干净，很难找见杂草。细心搜寻，在边垄上看到紫草科二年生草本植物田紫草（*Lithospermum arvense*）。它的花应当是白色，但今天也发现了淡蓝紫色的。田边空地中多是十字花科的播娘蒿、荠菜，前者刚开花，后者多半已结果。

过霸州，沿106国道继续前行，进入白洋淀外围地区。这里地势低洼，路面架起，但水体并不多。

过大桥，进入文安县。桥西南角十里堤旁是个巨大的垃圾堆，被焚烧过。从垃圾堆下到河岸边，倒是另一番美景，大片蒲公英正在开花。

道路两旁垃圾越来越多，我在106国道108千米处的南新村附近，向西走到几处水洼处看植物。紫草科砂引草（*Tournefortia sibirica*）开着白色五角星形的小花，中心泛着黄色。禾本科白茅跟北京大学校园的一样，刚抽穗，花序紫红色。野大豆除了两枚子叶外，刚长出两片小叶，一球一球地成堆生长。鹅绒藤刚钻出火烧过的沙土，藤本茎尚未弯曲。它是永定河河道的特色植物，卢沟桥河床一带就特别多，也常见于其他河道。长裂苦苣菜基生叶贴地，应当处于最好吃的时候。在东北它可是农村家家户户都要采食的野菜，当地人叫它"取麻菜"。嘲笑某人说话口音重，有时会说"有取麻菜味"！水边自然少不了大刺儿菜（*Cirsium setosum*）和芦苇，前者目前只有10厘米高，后者不到50厘米。偶见几株柽柳，歪歪扭扭，斜伸在沙包上。还见到一株山马兰，虽然还未长高，却开了一朵花，此种植物应当在夏秋季才开花。

　　在水洼边，突然见到一只贝壳，接着两只、又一只，不到半小时，我已经捡了三十几只。大部分保存完好，甚至相当多呈原始状态，两侧贝壳同在。有些竟然十分新鲜，但无一成活。掀开两壳，动物有机体早已分解，空间被软泥充满。绝大部分是蚌科丽蚌属淡水贝。2008年，江苏邳州梁王城考古发掘，曾发现大量丽蚌壳。1978年，陕西大荔县段家镇解放村东的甜水沟，发现一处从直立人向智人演化过渡的遗址。那里也有丽蚌化石，而且有三种丽蚌化石，电子自旋共振（ESR）平均年龄27万年。我捡到的贝壳中可分辨出拟丽蚌（*Lamprotula spuria*）、背瘤丽蚌（*L. leai*），这两种比较有把握。另一个种可能是猪耳丽蚌（*L. rochechouarti*），只有三个陈年褪色的标本，吃不准。丽蚌虽然有两壳，但两者并不完全对称。可以合理地猜测，它们在水底是斜着身行走的！丽蚌的突出特点是壳厚，外表常有瘤状突起。

还幸运地捡到两个扭蚌（*Arconaia lanceolata*）和一个反扭蚌（*A. mutica*），都是我国特有种。两种贝壳长条形，均扭转，但方向相反。有人基于rRNA基因ITS-1序列探讨扭蚌和反扭蚌的分类地位，结论是，两者是一回事，即一个物种（《水产科学》，26（2007）：6）。根据基因序列对比判断相似物种，现在很时髦，但传统的分类学家不可以完全依赖这些数据。扭蚌和反扭蚌是不是同一个物种，还要看其他证据。紫藤属两种手性相反的植物目前就划归两个不同的种：紫藤和多花紫藤。因为除了手性之外，它们的叶和花也有区别。

几天后我发现，洗净的贝壳，颜色不鲜艳了，并且开始"爆皮儿"，外表薄薄的"涂层"开始斑状分离、掉落！原来它们在软泥里、水里，几年、几十年都没问题，而今出水或洗干净几天后就完蛋了。许多文物埋藏于地下是安全的，一出土（或一出水），如果不及时采取措施，就会迅速氧化分解而坏掉。两者道理应当是近似的。

贴着白洋淀东北边缘，经过史各庄镇向西北进发。完全没想到雄县的乡村公路如此糟糕，汽车好似在泥浆里蠕动。不敢想象，一场大雨过后，这里将如何行车。上天保佑此时别下雨。经过一个多小时的"越野"，穿过七八个村子，总算到了雄县。向西南走不多远，就是白洋淀温泉城，那里有游船码头。考虑到季节还早，芦苇还小，没必要这时候乘船进淀登岛。码头北侧正在修一座大桥的引桥护坡，工地上推土机、货车隆隆作响。东侧水渠旁有两个老农在平整机器挖出的泥沙。我顺手又捡了若干贝壳，其一长12厘米，宽7厘米，厚3.9厘米。姓赵的老汉告诉我，现在白洋淀里已经不多见厚壳的河蚌，即前面说的各种丽蚌。老汉送我一根超长、超粗的芦根，长2.5米，直径近3厘米，这是我见到的最大的芦根。把它做成标本，挂在墙上，一定颇有特色。

晚上住白沟。这个"小镇"以箱包和其他小商品远近闻名，其规模和富裕程度已经与县城相仿了。镇西有个不错的公园，牌楼、湖、桥、假山应有尽有。清早就有上百人在公园中锻炼。园中植物以晚樱较有特色。

由白沟向西行，于5日上午10点找到了北照河村杨家祠，即杨公故里祠。比想象的小，实际上只剩下一间房，一把锁看门。这一间房还是1998年10月集资重建的。门中央匾牌横书"浩然正气"。祠东侧和祠前面为施工工地，堆满了红砖。祠前有三块有文物价值的石碑。不幸的是，较早的两块，一灰（嘉庆五年）一白（嘉庆二十五年），斜躺在地上，大部分被碎砖头和泥土覆盖，靠东的一块还有汽车或拖拉机新碾过的痕迹。清代同治四年三月的一块碑斜倚在西侧墙上，也毫无保护，周围堆满了红砖。

杨家祠东北角有枣、榆各1株，门前有国槐、榆叶梅、紫丁香、小叶女贞、圆柏。草本植物则主要是蜀葵。祠堂东南院中为抗日烈士纪念碑，1998年9月建。北照河村牺牲24人，大部分为杨姓。

巧遇杨家后人杨老桥先生，谈起先辈书法和气节，老先生饱含赞赏之情。临行前，老先生特意回家取了一本《杨椒山诗文集》赠我，令我十分感激。雄县旅游局似乎应当考虑整修这一重要景点，当下尽快保护好那三块碑。

中午向西北沿南拒马河行进。广阔的河道滴水未见，我下河滩欣赏了一片菜地和一片野生的小花糖芥（*Erysimum cheiranthoides*），形态与北京的略有差别。《中国植物志》已将"华北糖芥"与它合并为一个种。下午观赏了两处油菜花田，由定兴上京珠高速返回北京。

清代顺治皇帝曾说："朕观有明二百七十余年，忠谏之臣往往而有。至于不畏强御，披腹犯颜，则无如杨继盛；而被祸惨烈杀身成仁者，亦不如杨继盛云……今之为臣者，乃身任言职，直节罔闻，感私德而辜主恩，畏权威而忘国事，以视继盛，能不愧然汗下哉！"

北京大学的喜鹊啄食榆钱。

左上图：北京宣武区（现属西城区）杨椒山祠。

左下图：紫草科砂引草。　右图：紫草科田紫草。

上图：蚌科拟丽蚌。　下左图：蚌科背瘤丽蚌。　下右图：扭蚌和反扭蚌，最左侧为反扭蚌。

上图：禾本科白茅。　下图：长裂苦苣菜。

白茅花序特写。

赵老汉手持巨大的芦根。

左图：北照河村杨家祠。　右图：忠谏之臣杨继盛后人杨老桥先生。

河北滦平春末

去年夏天从内蒙古克什克腾旗回北京，经过围场、隆化和滦平，烟雨蒙蒙，一路美景留下深刻印象。2010年5月19日，决定驾车往返450千米再到滦平看看。京承高速全线贯通快一年了，此时到滦平非常方便。此行主要在两处观察植物。

第一处位于高速路边上，滦平塔沟隧道南约5千米，坐标为：北纬40°45'30"，东经117°20'3"。

路边有一些固沙用的紫穗槐（*Amorpha fruticosa*），去年齐根割掉老枝后今年新萌发一簇簇新苗。唯有割掉老枝，新苗才粗壮。当年生的不分枝新条常用来编筐。小时候我就试验过，辨别此植物幼苗有个绝招：掰断嫩茎，断口会"出血"！

越过人工栽种的沙棘、刺槐，登上不足10米的小坡，山地植物尽在眼前。蔷薇科土庄绣线菊（*Spiraea pubescens*）夺目的团团白花，点缀着刚长出新绿的山坡。同样开白花、高度不足1米的大片树丛是绣球花科（原虎耳草科）的大花溲疏（*Deutzia grandiflora*）。此种植物比较好认，花瓣有皱褶；花丝片状，上部有2个长齿；蒴果半球形，花柱宿存。虽为聚伞花序，但通常只有1~3朵花；而同属的小花溲疏为伞房花序，花序上花多达几十朵。现在枝头上还很容易看到大花溲疏去年的蒴果。北京樱桃沟南侧山坡上这种植物也非常多。

地表最能吸引眼球的植物是紫苞鸢尾（*Iris ruthenica*），也正在开花。它的叶片比宽叶韭菜略宽，但更硬朗，茎扁平，植株通常平行排列。与同科同属其他鸢尾的最大区别是叶片窄，另外花茎短，约为叶片长度的三分之一。在草丛中，若不细看，通常会忽略它的花。漏芦（*Rhaponticum uniflorum*）尚未开花，但单生茎顶的头状花序已经很明显。总苞片分成两段，基部为绿色，上部干膜质棕褐色，像给半球形的花头扣上了一顶顶小帐篷。

漏芦是菊科中最容易辨认的植物，也称祁州漏芦，其根是常用药材，据说可清热解毒、驱蛔虫等。其名字中"祁州"指的是河北的安国，位于保定之南，如今依然是著名的中药材集散地，号称"天下第一药市"。

转过小山包，下到沟里，在玉米田边，大片生长着毛茛科的白头翁（*Pulsatilla chinensis*）。这里土质较好，白头翁花葶颇高，要比我在其他地方所见长一倍以上。全株有白柔毛，萼片蓝紫色，花柱细羽毛状，长约5厘米，一开始为绿色，然后变白。"白头翁"之名就来自这一特征。

此处还见有桔梗科的石沙参、菊科鸦葱和春型植株的大丁草、蔷薇科委陵菜和莓叶委陵菜（*Potentilla fragarioides*）、臭椿、白杜、酸枣、油松、细叶韭等。

第二处观察点位于滦平红旗镇以北的南白旗附近，在省道S257东部山沟，坐标为：北纬41°9'57"，东经117°40'37"。山口的河上新修了一座大桥，还未使用。河套边有蕨麻（*Potentilla anserina*）、水葫芦苗（*Halerpestes cymbalaria*）、蒌蒿、艾、石龙芮、沼生蔊菜、水芹、蛇莓等。山口左侧有一户养羊人家，园中3种藜科植物共生，分别是藜、尖头叶藜和轴藜。

　　沿南侧一条山沟上山，有5种植物此时正适合观察。草本植物有中华蹄盖蕨（*Athyrium sinense*）和华北耧斗菜（*Aquilegia yabeana*），后者花大色浓。

　　最有特色的木本植物是蒙古荚蒾（*Viburnum mongolicum*）、山荆子（*Malus baccata*）和胡桃楸。蒙古荚蒾已有花苞，但还未开放。幼枝上的叶在一对芽鳞处往往4片齐发，每侧2片。茎皮坚韧，在野外需要时可用它编制绳索。山荆子满树白花，远比同属的苹果花自然、美丽。如今的苹果树多用这种野生植物作砧木来嫁接。园林部门可以考虑把它作为花卉植物引进北京城，树形优美，观花、观果均不错。它是本土植物，也不会水土不服。胡桃楸雄花为柔荑花序，雌花为穗状花序。其雌花特别值得近距离欣赏。雌花柱头鲜红色，呈"丫"字形，被柔毛，便于接收花粉。在同一枝上，雌花在上，雄花在下。胡桃楸结山核桃，果仁很好吃。比起家胡桃（普通的家核桃），胡桃楸的果实小而坚硬。

　　值得一提的是，山间有大片的野生连翘。我在河南见过野生的，在北京和河北以前从没有遇上野生种。

　　总结起来，在滦平两处所见植物种类与北京所见完全一样，没有意外之处。再往东，进入辽宁，也许植物群落会有稍大的变化。此行具体收获是用微距拍到了胡桃楸的雌花，遇上野生的连翘。

豆科紫穗槐断面会"出血"。

上图：蔷薇科土庄绣线菊的伞形花序。　下图：绣球花科大花溲疏。

鸢尾科紫苞鸢尾。

上图：菊科漏芦花头上的膜质苞片。

下左图：河北安国的药王庙，始建于东汉，宋、明、清多次增建。现为国家重点文物保护单位。原来所纪念的药王指邳彤（前45—30），信都（1993年改设市，2016年置冀州区）人。

下右图：河北安国药王庙正门（西门）远景。摄于2007年10月2日。

上图：毛茛科白头翁的花柱，将来会变白。　下图：蔷薇科莓叶委陵菜的花。

上图：蔷薇科的蕨麻。　中图：毛茛科的水葫芦苗。
下图：蹄盖蕨科中华蹄盖蕨。

上图：藜科的两种植物尖头叶藜（左）和轴藜（右）。　下图：五福花科蒙古荚蒾。

毛茛科华北耧斗菜。

上图：蔷薇科山荆子。　下图：胡桃楸的雌花。

胡桃科胡桃楸的雄花。

长白山天池

故乡有好东西，向他人推荐，没有理由吝啬。

长白山天池算是我老家最特别的自然景观，1980年便列入联合国教科文组织"人与生物圈计划"保护名录，1992年被中国林业部和世界自然基金会（WWF）列为世界A级自然保护区。照理说，家乡的这一"圣地"（公元1172年，金世宗登基不久就册封长白山为"兴国灵应王"。到了清代，长白山进一步被神化，康熙、乾隆、嘉庆都亲自到东北祭祀其祖先的发祥地长白山，此地被封禁，不得放牧、狩猎和采参等），早该介

长白山天池：水面海拔2100多米，也谓"高山出平湖"。它实际上是由一个巨大的火山口形成的，周围是外表像炉渣一样的火山喷出物。天池上空风云变幻，难得一见晴好天气。此图是由北向南望，左前方湖面属于朝鲜，国境线由湖中穿过。

上图：从北坡的"黑风口"远望天池的瀑布。用望远镜头拍摄。此图右侧可见人工水泥建筑，沿水泥台阶可上到天池水面附近，右侧经常有碎石滚落。两侧地表生态系统均十分脆弱，一旦破坏，则很难恢复。　　左下图：邓小平1983年夏题写的"天池"石碑。位于天池北岸一个略微下凹的地方。　　右下图：棒槌园子，即人工栽种人参的参地。原来是用草帘子盖顶的，现在改用蓝色塑料布了。2003年7月29日摄。

绍一下了。

长白山天池，神山秀岳，三江（松花江、鸭绿江、图们江）源出，自然景色既有黄山之秀丽，亦有华山之险峻。有位名人说过"不可不来"，据说，后半句是"不必多来"。来了可观美人松林，可听怪兽传说，可览高山平湖，可洗火山温泉，更可看奇花异草。

我的老家离长白山天池非常近，中学读书时周末回家，在通化火车站每次都能赶上一群一群往返于白河和通化的旅客，我与他们一起在寒夜里排队等车。白河是终点站，从那里马上就能上长白山。从地图上看，通化与天池，简直近得很。不过，来北京前我确实从未到过天池，也许这就像许多北京人没到过大观园一般。小时候只知道天池是个火山口，水很深、很凉，天池有一部分还归朝鲜所有。

天池那地方的人与俺们村的人大概是一样的，都是典型的东北人，沐浴着东北文化。

东北的文化，很难形容，通常我们喜欢听别人讲（有时也自己"扇呼"）豪爽、义气、憨厚、质朴的一面，然而那文化也天生有着另一面：江湖、胡匪（胡子）、野蛮、诙谐、打诨。二人转、《林海雪原》、《东北一家人》等作品和节目，说评书的、演小品的等，均能展现东北人的一些侧面，但离活生生的现实总还是有隔膜。除此之外，现实也在缓慢地变化，经济状况确实在一天一天地变好，人性却可能在向相反的方向蜕变。

2001年和2003年两次到天池，遭遇了诸多扫兴之事，我几次默默地发问，这真的是自己的故乡吗？"俺们那旮的东北人"怎么变得如此快？

不过，有几句提醒的话，也许有用：①办事不要讲"面子"，东北人本来是很讲面子的，但随着市场经济的发展，讲面子的人反过来可能是最不讲面子的。②投宿一定要住大店，一定要参加正规的大型旅行团，不要单独行动。 ③不要太相信事先讲好的车价，为了免受皮肉之苦或其他不快，不要在乎多付出几十元钱。④记住当地的电话区号，以便于报警。

也许，这些提醒对所有新开发的旅游区都适用。

在中国境内到天池有两条路：①西坡路。②北坡路。要看高山草甸，应当去西坡。要看瀑布则应当到北坡。据我的经验，两者最好都要看，风光、植物均不同，错失一个，终生后悔。西坡给人以柔和、平缓、葱绿的感觉，北坡给人以险峻、灰暗、荒凉的感觉。两者都体验的话，至少需要两天时间。

先说西坡。从抚松（或者松树镇）到松江河，向东南方向行进，行车约两小时可到西坡山门。继续向东南方向行进，路两侧多为高大的白桦、云杉。过"高山花园"，然后向东北方向登山，车可一直开到岳桦林尽头。眼前突然开阔起来，齐腰深的禾本科茅草（我不知道其名字）中，点缀着开着白花的唐松草，一小片一小片的岳桦树干被风吹得向一边倾斜。升高到海拔2000米左右，眼前更开阔，岳桦不见了，最高的植物有50厘米，是一些毛茛科的长白金莲花，靠近湿润、低矮处生长，局部呈优势。山坡地面十分松软，脚踩在上面像是踏在了10~20厘米厚的海绵垫上，水分十足，但还不至于湿了鞋。其实地上并不是土，而是松软的植物。细看，植物有东亚仙女木、牛皮杜鹃等。斜坡处和稍凸起的地方生长着长白山天池最壮丽的植物小山菊（*Chrysanthemum*

上图：蔷薇科东亚仙女木。　下图：龙胆科高山龙胆，也叫白花龙胆，多年生草本植物。生于高山苔原石砾地。

上左图：小山菊顶视图，小山菊高矮不一，但花大小比较均一。

上右图：长白耧斗菜（*Aquilegia flabellata* var. *pumila*），毛茛科。

下图：长白山北坡"地下森林"。长白山天池附近多小裂隙（小的半米宽）、裂谷和大峡谷。谷下也生长着高大的树木，形成了独特的景观。

oreastrum）。显然它是菊科植物。这是我在山上见过的最美的菊科植物，它堪称长白山天池第一植物。这是我的印象，理由是，它在天池核心地带分布极为广泛，一望无际，数量上占据压倒性的多数，而它娇嫩的舌状花片与火山口附近裸露的火山灰渣又形成了鲜明对比。没有它的点缀，天池风光将大为失色。

小山菊，多年生草本，菊科。株高10~40厘米。匍匐枝纤细分枝，全株被柔毛。茎单生，直立。基生叶及茎下部叶二回羽状全裂或深裂。舌状花白色、粉红色或红紫色。长白山的这种小山菊为高山苔原的代表种，生长于高山带上部的石质苔原及干燥火山灰上，海拔2000米左右；有时与高山龙胆、野罂粟、高山红景天、一些蓼科植物及金莲花等生长在一起；成片分布，随风摇曳，英姿飒爽。

在内蒙古和北京，也有此植物的近亲紫花野菊（*C. zawadskii*）。它与长白山的小山菊为同科同属植物，长相和群体气势，均远逊色于长白山的小山菊。

单独看一株小山菊（图片参见正文第1页），最突出的是顶部的一朵花，其次是直立的茎。它的叶小小的，很不起眼。即使土质较差处长得最矮小的植株，花的大小、颜色也照例不含糊，楚楚"动人"（其实是为了吸引小昆虫，人是帮不了它的忙的，相反也许能帮助搞破坏）。花是生殖器官，传宗接代都要靠它，在天池这样极端的环境条件下，小山菊利用夏季短暂的生长期，把营养物质都输送给了花朵。在平原地带，这条法则也不假，但在这里或者冻原带、沙漠地带，自然经济原则和自然选择演化的痕迹更为明显，"自私的基因"绝对是聪明的、不浪费的。

由北坡到天池，从白河起步，沿着不算很宽但绝对优质的水泥路一直向南，过北坡山门，可直达天池瀑布下面的温泉。"高级人员"游天池也无一例外走这条路，在以前他们大概是无缘欣赏西坡风景的，因为那完全是一条很窄的土路。2007年再去西坡，路已全部修好。

无论过西坡山门还是过北坡山门，都让中国人不舒服，原因是周围很难见到汉字，整个长白山景区皆如此。这里遍地是朝鲜文字和英文，偏偏不写或很少写中文。巨大的广告牌宣传的基本上是韩国的一些大公司，那上面更不会有汉字，度假村、高级旅馆、最好的温泉洗浴房几乎都是韩国人开办的。据说山门的修建也是韩国赞助的。钱当然是好东西，但如果我是景区的负责人，我不会要这种有代价的钱。据说游人也曾向有关部门反映过文字标识的问题。第二次游天池，我也的确发现在这方面略有改观，汉字多了一些。

沿途，多少有点野蛮驾车的当地人会一遍又一遍地提起当年拍摄《雪山飞狐》的场地和得到精心呵护的布景、道具等。可对我而言，在这自然仙境中，那也算个玩意？长白山乃"自然圣境"，胡编的武侠小说与之根本是两重天。更有时髦的游客，要求停车在拍过电影的地方留个影，天下人真是各有所好。

越野车开到了停车场附近，沿东侧盘山路可继续上山，每人需要另加60元。这价格实在是贵了点，但车主的理由很充分：一年四季中他们只有一个多月能挣钱，而且先要向景区交一大笔运输许可费。落实到每一天，一出门车主首先想到的是欠了多少钱，这与北京出租车司机的感觉也许是一致的。别忘了，越野车并不是只为这一车人负责，等旅客在山顶按他说的半小时后见面时，别指望找见司机和越野车。原来司机急忙返回山脚招呼另一伙人上山了，也就是说他利用时间差另赚了一份钱。随后的每段旅程与此差不多，只是旅客有了心理准备。谁说东北人不会做生意？游客顶着风沙，在山顶气象站附近傻等。一阵风吹过，卷起一片火山灰渣，一不留神就会迷住眼睛，而且很难清除。好的办法是，见风吹来，立即背过身去，闭上眼睛。再等30~40分钟，可恨又可爱的司机才会驾着车出现。盘山路很险，车速奇快，乘客是万万不敢得罪司机、让他分神的，否则方向盘稍有偏差，整个车就会冲出路面，车毁人亡不在话下。此前已有例证。我打听到，真正的车主一般不上山，而是雇别人开车，因为确实不安全。诚哉，"不可不来"，但不宜多来，尤其对于相信概率论的人。

不过，与秀丽的地质地貌及奇花异草相比，所有人事的烦恼都可一一了却。

在北坡山顶的一个山坳处，有邓小平题写的"长白山"石碑，向前望去，下面是平静的湖水，背后山坡上则开满了小山菊。传说这里有怪兽，据说不久前几个文人"眼神好"又再次目击了，山下的长白山自然博物馆也有鼻子有眼地记载着此事，而且墙上镶着一幅怪兽出水"照片"（那照片非常可疑，"怪兽"大小与湖面大小不成比例）。这令我想起了所谓的尼斯湖怪兽，以及某高校陈教授讲述的外星人在泰安演八卦的故事。兽，没准儿是有的，但何以肯定是怪兽？（参见《人与自然》杂志2003年第10期文章"长白山天池'怪兽'"，第73—75页）即使是盛夏，山上气候也格外凉爽，天池水冰冰凉的，除了北京体育大学张老师之"为国争

352

光"的横渡外，其他动物大概不会特意去天池中冲凉的。

其实，火山锥上迎风晃动的小山菊，还不够令人惊奇吗？有心栽花花不开，海拔2000多米的"炉渣灰"上竟然旺盛地生长着一种美丽的野菊花，它不用人们精心照料，每年准时开放。

小山菊也许可以在城市被驯化，成功地长在花坛中。但那时，它将不再叫小山菊，它的美丽将大打折扣，因为它的美与其生境同在。西方近代科学是没法脱离其文化而单独移植的，小山菊也无法离开高山而简单地被驯化。300多年前火山最后一次喷发时覆盖的灰渣，其实并不缺少养分，它含有植物生长所需要的各种成分，小山菊恰好能够利用这些养分。半山腰处的原始森林，也同样长在火山渣上，地表只有10~30厘米的黑土层。这层薄土涵养着点滴水分，对于长白山自然生态系统至关重要。每年狂风过处，均有硕大的松树连根倒下，原因在于高大的树木只长在薄薄的松土层上，并没有垂直向下的主根。这一点与云南丽江云杉坪的情况类似。我曾细心观察过云杉坪几棵倒下的云杉，那里的腐殖土层厚度也不过20厘米左右，下面则是白色的砾石与灰白色的碎屑岩石、岩粉混合物（极像城市柏油路下的垫层）。论下部岩土的营养，云杉坪那里还不及长白山天池。有一点是共同的，两处的地表土层一旦遭受破坏，便很难恢复。

北坡停车场处温泉集中，向南正面对雄伟的瀑布，西侧山坡稍平缓，植物茂密，牛皮杜鹃、岳桦长势很好。这地段草本植物争奇斗艳。长白岩黄芪、草苁蓉、七筋姑等，可能稍嫌生僻，暂不介绍了，有代表性的野生花卉却值得取4种说说，它们红、紫、粉、黄，优先占领了悦目的可见光"波段"。成语有"姹紫嫣红"这样现成的描述，听起来不错，却不够准确和全面，所以我宁可称"红紫粉黄"。

柳叶菜科的柳兰（*Chamaenerion angustifolium*），花瓣绯红，4个尖形色深的萼片呈近十字排列，与4个稍大稍圆的花瓣相间交替排列，花朵左右对称，整朵花呈锥形挂在细长而结实的茎上，花丝和花药无拘无束地任意向外伸展着。这种植物在北半球广泛分布。

有些平原地带或者小山丘上也能见到这种野花，但与这里的相比，模样相去甚远。"橘生淮南则为橘，生于淮北则为枳"，这当然不符合植物知识。但同种植物长在不同的环境，外貌的确是很不同的。桔梗科聚花风铃草（*Campanula glomerata*）和石竹科瞿麦（*Dianthus superbus*）就是典型。前者中国科学院香山植物园（现为国家植物园南园）就有种植，但与同科的许多植物种在一处，没有自然环境衬托，毫无生气可言。而在长白山，聚花风铃草的蓝紫色在绿草之绿之杂中跳跃而出，令人忍不住每看到一株都要望上几眼。

瞿麦是石竹科植物，除了花外与石竹几乎完全一样，两者我都在自己家的阳台上种过，连续好几代。它们绝对是易成活的植物，想种死都不容易。不过阳台上种出的瞿麦，与北京药用植物园的瞿麦相比，其美丽程度就差了一截，与长白山天池的瞿麦更是无法相比。也许读者见过普通的瞿麦，但长白山野生的瞿麦，多数人肯定没有目睹过，不妨给出一张。它花瓣上深深的小裂片像是花神用剪刀剪过的。此种野生的瞿麦与我家阳台上种出的瞿麦相比，有什么本质差别呢？也许基因完全一样。

第四种植物是蹄叶橐吾（*Ligularia fischeri*），也叫马蹄叶、肾叶橐

上图：长白山橐吾（*Ligularia jamesii*），菊科。模式标本就采于吉林长白山。2007年7月29日摄于长白山西坡。　左下图：桔梗科聚花风铃草，又名灯笼花，多年生草本。全株有粗毛。茎直立，单一，不分枝。茎生叶倒卵圆形，无柄，边缘有不等的钝锯齿。花簇生于茎顶或上部叶腋。疏总状花序。花蓝紫色。花冠钟形，5齿裂。蒴果。　右下图：菊科蹄叶橐吾，多年生草本。高30~100厘米，茎直立。基生叶箭头状卵形。

上图：石竹科瞿麦，多年生草本。花单生或者数朵集成疏聚伞状。萼圆筒形，萼齿5，花瓣5，淡红色、白色。花瓣边缘细裂成流苏状，喉部有须毛，基部有长爪。雄蕊10，花柱2。蒴果狭圆筒形，包于宿存萼内。摄于长白山天池稀疏的岳桦林中。

下图：种在家中阳台上的瞿麦。可与长白山野生的瞿麦作对比，你认为它们有什么不同？

吾、山紫菀，菊科。橐，音"陀"。《中国花卉园艺》2003年第21期《奥运会可供选择的野生花卉和园林植物》一文中提到过柳兰、狭苞橐吾（ *L. intermedia* ）、千屈菜、黄花乌头。作者刘金认为它们都可在2008年奥运会上派上用场。这柳兰当然就是上面提到的柳兰，而狭苞橐吾与蹄叶橐吾为同科同属不同种植物，外表相似，都是菊科植物，总状花序极长，舌状花黄色。长花序可做切花。

　　长白山区有2000多种植物，一次旅行看到的植物不下数百种，留下印象的也可能达十多种。知道名字的有多少呢？以上重点提到5种植物。如果记住全部5种有困难的话，但愿别忘了小山菊。哪位读者以后到了长白山，在山顶欣赏着成片的小山菊向自己招手时，能够说出它的名字小山菊，我就心满意足了。

无量山与哀牢山

借北京师范大学刘晓力、刘孝廷和田松的一个项目，2005年国庆节期间我有机会到云南思茅（2007年改名普洱）考察了十天。我们在思茅度过了快乐而令人回味的每一天。云南是世界上植物最为丰富的地区。北部大理、丽江和南部西双版纳以前我都去过，中间的思茅却没有光顾，而到思茅看植物有着特殊的意义。

1899年，一位23岁的英国人威尔逊（Ernest Henry Wilson，1876—1930）受命到中国收集植物，目标是俗称"鸽子树"的珙桐、帝王百合。他经香港到中国，首先落脚的就是云南边陲小镇思茅。当时爱尔兰业余植物猎人亨利（Augustine Henry，1857—1930，他本来是皇家海事海关总署官员，后来爱上了植物收集）正在思茅等待威尔逊"接班"。亨利送给威尔逊的，只是一张皱巴巴的简陋地图。然而就是这位威尔逊，后来差不多走遍了中国（湖北、四川、西藏、江西和台湾等地），以及日本、朝鲜等，向欧洲和北美引入了1000多种新植物。正是威尔逊，在世界上称中国为"园林之母"。1917年，美国哈佛大学阿诺德树木园根据威尔逊在中国收集的木本植物出版了三卷本《威尔逊植物志》，全书共描述3356个种或变种。那个疯狂的植物采集时代早已过去，人们已能轻松识别麦森、道格拉斯、福琼、威尔逊等人"单纯的"科学探险、科学采集背后资本主义帝国扩张的大背景，但是在个人层面上，我们不得不佩服他们对植物的执着和鉴赏力，他们的工作一定程度上也促进了全球植物的大交流。

1922年2月，已经小有名气的植物学家洛克（J.F. Rock，1884—1962）在美国农业部和美国《国家地理》杂志的资助下，从泰国经缅甸进入云南，首先落脚的就是思茅。洛克的目的地是北边的丽江，其探险路线：思茅—普洱—景东—蒙化—大理—丽江。洛克一行整整用了3个月才到达丽江，他们走的茶马古道，宽度为0.9~1.2米。美籍奥地利人洛克，在丽江玉龙雪山下住了27年，十分勤奋，最终成为世界闻名的纳西学专家。

2005年9月28日一大早，我们由北京乘飞机赴云南。在昆明转机，下午到了思茅。第二天乘一辆金杯汽车冒雨北上，开始对思茅地区的景东、镇沅、景谷、普洱（2007年改名为宁洱）、墨江进行考察。从地理位置上看，景东在思茅的最北部，我们先由南直接到达北部，再从远处往回一点一点地行进，最后向东经墨江返回昆明。

因此，第一天的行程是由思茅赶到景东，与当年洛克的行进路线一样。

景东北部著名的漫湾电站，田松非常想亲自去看看，但当地陪同人员以各种理由婉转拒绝了我们的要求。

到了云南，首要的还是关注其自然多样性、植物多样性。云南是植物的天堂，80%以上的植物对于生活在北京的北方人来说可能从来没有见过，到了这里不看植物，我不知道别人怎么想，于我则显然是荒唐的。

去景东这一段路，在拍摄植物方面，也小有收获。在磨黑见到了台湾相思树，在镇沅见到了喜树（也叫旱莲木）和木薯。我们在北京可能见到过红色的相思豆（旅游景点有人兜售成串的相思豆），很遗憾，并不是这种树结出的种子，但它们是一个科的植物。喜树最早我是在上海植物园见到的，大概是2002年深秋。它的球状果实这回是第一次见，非常美丽。此树可作为优质的行道树，在思茅很普遍，但当地旅游局的几位竟然根本不认识。木薯则是广西、云南、越南等地的人们常吃的一种植物，其根含有丰富的淀粉，吃起来甘甜，与煮土豆差不多，只是甜得多。

云南有各种各样壮观的梯田，特别是哈尼族的梯田。红壤、黄色的油菜花、白云、绿禾、灰脊水牛等，是云南梯田照片中常见的元素。云南山区地处热带或者亚热带，雨量充沛，这里的梯田完全不同于北方的梯田，不会出现高山梯田缺水的情况。俗语说：山高水长，山有多高水有多高，梯田就有多高。在磨黑停车后除了看梯田，在一家路边小店还看到了鸡枞。我特意拍摄了田松手持巨大鸡枞的照片。鸡枞，别名鸡宗、鸡肉丝菇、鸡栖菇、白蚁菇、桐菇、鸡脚菇、鸡爪菇、姬白蚁菌，菌伞开裂像鸡爪，味道鲜美，是著名野生食用菌，根部与白蚁共生，尚无法人工栽培。

磨黑一段公路东侧的风景相当不错。此处可沿公路设置观景台（现公路西边一侧已有小型停车场），游客既可停车休息，又可观赏美景。

午饭由镇沅旅游局提供，其中的"血肉"真是令人"难以忘怀"，外地人确实吃不消。我先吃完，在周围转转时发现后院的篱笆上长有四棱豆（*Psophocarpus tetragonolobus*），其英文名为winged bean，中文名还有龙豆、翼豆、四角豆、翅豆、四稜豆、热带大豆等。它原产于热带非洲，东南亚有引种。爱德华·欧·威尔逊《生命的多样性》一书中收有此植物的素描图。以前在北京的四季青超市见过这种植物的荚果，但没见过实际生长的植株。

另外，值得一提的是景东土林。云南有石林，也有土林。石林的主要成分是碳酸盐，而组成土林的通常是红土和大小不一的砾石。两者均与雨水侵蚀有直接关系。相对而言，形成土林难得多。景东土林不算思茅境内最大的土林，但它离公路很近，周围没有任何干扰景物，是理想的旅游开发对象。到目前为止，土林保护完好、尚未开发，入口处设有小土墙保护。未来开发时需要特别注意，不要修建明显的人工建筑而影响自然景观。

景东处于两列大山之间，西侧为无量山脉，东侧为哀牢山脉。我们用了一天时间拜访无量山中的羊山吊水，所谓吊水就是瀑布。又用一天时间拜访哀牢山的杜鹃湖。其间所见植物无数，若是能住上十天半月，仔细观察记录，那就太好了。这个季节，姜科和野牡丹科植物给人印象最深。在北京，这两科的植物均没有野生的。

9月30日去羊山吊水的中途，下起小雨，司机陈朝友师傅娴熟地驾着车在盘山路上稳步前进。接近中午，天放晴，山间云雾缭绕。中午到达一个小村庄，要停下休息、吃饭、换越野车。司机陈先生拿出一个皱巴巴的练习本，题诗七绝《无量山云中行车》：

云中驱车幻若神，仙疆凡迹不分明。

如非犬吠炊烟起，误以余身未是人。

说起作诗，让我们一伙有着教授、副教授、博士头衔的来自北京的知识分子十分惭愧，我们的中国文化功底实在不如司机师傅。陈先生作诗的本事，在随后几天更让我们吃惊。每到一处，田松的弟子任辉就来到陈朝友跟前，等待他在几分钟内写出一首与刚才所见景物有关的律诗。席间，陈先生在举杯之际还能即兴咏诗，出口成章。（2008年1月我们一行四人再次到普洱，却听到陈朝友先生已仙逝，无限感慨。这么可爱的人怎么五十多岁就突然走了呢？）

无量山区每家差不多都种有佛手瓜（*Sechium edule*），也称杨子瓜、丰收瓜、合手瓜、合掌瓜、拳头瓜、洋丝瓜、菜肴梨、万年瓜、福寿瓜等。中午吃的菜也有佛手瓜（还有野幼蜂，即蜂蛹，炒食，很香）。它原产于墨西哥、中美洲、西印度群岛，18世纪传入美国，后传到欧洲、非洲、东南亚，日本在1917年从美国引入。约在19世纪传入我国。我被一户村民院子中的瓜架吸引住，在一个大约20平方米的架上，结有至少400个如香瓜大小的佛手瓜。主人非常热情，当我打听此种瓜如何繁殖时，主人立即摘下两个品种的4个瓜送给我。我要付钱，主人说什么也不肯收。这种植物每颗果实只有一粒种子，繁殖的办法是把它放到地上，稍埋上一点土。

云南的气候很适合佛手瓜生长，在北京它能生长并结瓜吗？我很想试试。这四个瓜伴我一路，最终带回了北京。从2005年10月到现在，烂掉两个，还剩下两个，其中一个已经长出多根3米多长的茎，但没有开花。等天气转暖我会把它移栽到户外。我不指望一株结出数百个瓜，能回报我一两个就不错了。

在北京有的人分不清佛手与佛手瓜。其实两者是完全不同的植物。佛手属于芸香科，木本；佛手瓜属于葫芦科，草质藤本。佛手（*Citrus medica var. sarcodactylis*），又名佛手柑、五指柑。在植物分类学上算作芸香科柑橘属香橼的变种之一。根据果实的形状又分佛手和闭佛手（佛拳）。各地花卉市场常见盆栽此植物。香橼（*Citrus medica*）是与佛手较近的植物，也称枸橼子、香圆、蜜罗柑、云香，此次在云南思茅镇沅吃过，味道一般，水分少了点。

带"瓜"字的植物，许多并不是葫芦科的。顺便说一下木瓜（*Chaenomeles sinensis*）与番木瓜（*Carica papaya*）的区别，这两者此行都经常见到。前者属于蔷薇科（与今天情人节送人的玫瑰是一个科的），后者属于番木瓜科。前者南方、北方都能生长，如北京植物园（现为国家植物园北园）、清华大学工字厅、云南哀牢山、秦岭佛坪县；后者原产美洲热带地区，只能长在南方，如广东番禺、云南西双版纳、云南景谷、越南等。这两种植物都不是通常葫芦科的什么"瓜"，两者都是木本。两者可笼统算作乔木，但细讲起来，木瓜是乔木，番木瓜是檄（xí）木。何谓檄木？现代人可能已经不大清楚了，它是中国古人对植物分类贡献的一个术语，指不分枝的直立树木，如椰树。不过，现在人们经常把番木瓜简称为木瓜，于是引出许多误解。这两种植物的果实均可食并入药，因而误会更多。《诗经》《本草纲目》中讲的木瓜显然是蔷薇科的木瓜，那时候美欧的番木瓜还没有引进，但如今大量介绍番木瓜的文字，把它们扯在一起，属于狗戴嚼子——胡勒。

目的地羊山吊水，与我见过的所有瀑布均不一样。它的水流不算大，但最大特点是被夹在青山、野草、树木之间，分三级，若隐若现。瀑布好像是从半山腰冲出来的，看不见瀑布的平顶，也许此瀑布根本就没有平顶。陈先生的诗写道：

仰望银河豁口开，抛珠撒玉自天来。

若非王母亲阿姊，安有散财如是哉？

　　我们观赏瀑布时被突降的一阵大雨淋了个透，好不容易跑下山，天却放晴了。

　　事后，我也凑了几句：

吊水挂羊山，飘落野草寒。

微风携细雨，好在若比肩。

　　诗中"飘落"的主语既包括瀑布也包括我们一行人。"细雨"指还未突降大雨时从瀑布水帘刮过来的毛毛雨和雾。"好在"则是后来几天我们在景谷从扶贫办刘景洪那里才学会的一个令人回味的当地词汇，其基本含义就是"幸福地生存"，这个词令人想起"上手"甚至"和谐社会"。

　　雨停了，大家稍稍休整准备返回景东。我有机会仔细鉴定路边一种奇特的野草。坐在车上时我就怀疑它是令人讨厌的入侵植物紫茎泽兰，但由于车身颠簸看不清楚。此时能够确认，它就是菊科草本、半灌木植物紫茎泽兰，又名解放草、破坏草。没想到它竟然能够传播到这无量山脉的深山中，可见其厉害。它广布于景东到无量山羊山吊水的数十里山路两侧，长势良好。此植物是国际上公认的生态入侵物种，原产于中美洲，可入侵林地和农田，排挤本地植物，危害畜牧业。无量山区被大量紫茎泽兰入侵，值得农业、林业部门高度重视。后来发现，贵州许多地区也有紫茎泽兰。2008年1月在景谷的芒玉峡谷新开辟的小路边也见到大量紫茎泽兰。

返程中见到许多水田的拐角种有另一种入侵植物凤眼莲。其实，在云南思茅地区许多稻田边都有种植。雨久花科草本植物凤眼莲（*Eichhornia crassipes*），又名水浮莲、水葫芦。叶基生，莲座状。叶柄长短不等，中部膨胀成囊状，内有气室。穗状花序，花被裂片6，上裂片中心有一黄斑。原产于美洲，我国南北均有引种，在南方已经变为野生。为家畜和家禽饲料，嫩叶和叶柄也可做蔬菜。生长、繁殖极为迅速，在部分地区已经成为入侵生物，人们对它又爱又恨。在云南的山区，当地居民似乎很喜欢凤眼莲（正如在我的老家东北人也很喜欢它），它也没有造成什么危害（这与在云南昆明滇池的情况完全不同）。因此有害物种是个相对的概念，不可一概而论。

第二天我们去哀牢山杜鹃湖，中午在中国科学院西双版纳植物研究所的野外基地就餐。

在杜鹃湖边看到了绶草。兰科植物绶草（*Spiranthes sinensis*），也称盘龙参、龙抱柱、盘龙花、左转草。根指状、肉质。茎上部叶退化成鳞片状鞘。总状花序密生小花，呈现螺旋状扭转。我国此属仅此一种。《北京植物志》也列有此植物，但我在北方的野外竟然从未见过此植物，没想到在云南见到了（2007年终于在北京北部的海陀山见到）。

下午观赏了高海拔的原始森林。我的牛仔裤被撕开20厘米长的口子，真是万幸，一点也没有伤到皮肉。晚上晓力老师让任辉陪我在景东的店铺又买了一条新的牛仔裤。走出原始森林时，倒是在脚踝处发现两只大蚂蟥拼命地吸着我的血，好不容易取下来，血却流个不停。据说蚂蟥能分泌溶血物质。不过，一点也没有感觉到疼痛。原始森林我也曾参观过多处，总觉得此处有些阴冷。后来读过陈朝友先生"越调"《天净沙·原始森林深处》才知道，这也许不单纯是我个人的感觉：

枯藤老树丫杈，密林不透光华。

古木尸身满地，形同硅化。

眼收来，尽奇葩。

哀牢山是云南杜鹃花的十大故乡之一，共有杜鹃花50余种。这里生长有小乔木甚至杜鹃花科乔木。在哀牢山半山腰处，我们见到一株很老的杜鹃花树，估计已经生长数百年。

云南盛产杜鹃花，杜鹃花科杜鹃花属植物全球共计约800种，我国有650种，大部分分布于云南（有400多种）、四川等地，云南是杜鹃花的分布中心。杜鹃花资源自19世纪以来一直是西方国家疯狂掠夺的主要对象。英国皇家植物园学者、传教士傅礼士1919年在云南发现一棵大树杜鹃，茎围2.6米，树龄280年，他雇人砍下，锯走木材圆盘当标本，陈列于大英博物馆。1983年，腾冲县林业局又在产地发现了更大的一株，高25米，茎围3米多，树龄约在500年以上。英国邱园种植了大量从云南移植过去的杜鹃花，中国科学院曾建立华西亚高山植物园（位于四川都江堰附近），从国外往回引进了数百种原来中国本土生长的杜鹃花。

景东的下一站是镇沅，再下一站是景谷。景谷的芒玉峡谷，绝对是看植物的难得去处,在不到20米的小路边,就可以轻松地找到4种以上的附生兰,十分美丽、壮观,而在北方,想都别想。

　　欲知后事,下回分解。预告如下:

　　　　茶马古道思无量,芒玉峡谷嗅兰香。

　　　　太阳广场何纵酒,京师美人见他郎。

　　补注:时过不久,2008年1月我们专程重访芒玉峡谷,为的是考察一下生物多样性是否有变化。结果令人震惊:附生兰科植物锐减。泥土路换上了铺石的小路,但路旁长满了令人讨厌的紫茎泽兰。另外,这期间还发生了一次滑坡,大片植被、土壤被毁。

哀牢山百年杜鹃花树。

云南思茅常见的水田。2005年国庆节期间摄于景谷至普洱的路上。

上图：佛手瓜。思茅地区许多人家种有佛手瓜。

下图：野牡丹科植物假朝天罐，木本。在思茅地区随处可见。

左图：兰科植物绶草。摄于思茅景东哀牢山杜鹃湖边。

右上图：生态入侵种紫茎泽兰（破坏草），已经渗透到无量山的深山里。

右中图：凤眼莲在云南无量山脉的山区与在云南昆明的滇池不同，并不是有危害的外来物种。

右下图：哀牢山杜鹃湖景观。

上图：移民村的三个孩子。如我们小时候一样，任何东西都可以成为他们的玩具。他们并不知道移民意味着什么。

下图：台湾相思，豆科植物，也称相思树。摄于云南思茅镇沅。

上图：哀牢山杜鹃湖景观。

下图：无量山的野蜂蛹。午饭中的一道菜就是炒这种肥肥的幼虫，味美且有营养。

丽江"避运"

2008年奥运会前夕,世界的目光都聚焦在北京。有一天,田松突然邀我去云南。云南可是好地方,已经去过多次,全家还在那里过了一个春节。只要有机会,再去多少次都可以。"说走咱就走",为了给北京减少碳排放,也为了自己轻松一下。

8月6日上午7:50起飞,12时到达昆明。入住春城之星机械宾馆。院内一株桂花树,飘来阵阵浓香。

下午到黑龙潭昆明植物研究所购买《丽江高山植物园种子植物名录》,参观植物园并看蔡希陶先生当年采的若干标本。7日赴云南丽江,同行者加入三位女性,博物之旅于是增加了许多人文内容。

在丽江,住处可在大研古镇和束河古镇中选择。从回避热闹的角度,我们选择了较偏远一点的束河,具体位置是龙泉行政村仁里四社27号"阳光海棠客栈"。院中果然有一棵高大的海棠。果实像红珠子一样,个头不算大,却酸甜可口。沿户外扶梯上二层,海棠果直接触及鼻梁,想不吃都难。

参观完丽江博物院和附近的黑龙潭公园,在"绿雪斋"巧遇田松的朋友、来自台湾的艺术家于涌。于涌,据说是李霖灿的弟子,长我9岁,一头乌黑披肩长发,天生的艺术家气质,如今在丽江定居、娶妻,开了一家不错的饭馆。下午田松与于涌叙旧,我则登黑龙潭边上的象山看植物。象山上的扇唇舌喙兰(*Hemipilia flabellata*)令人印象深刻。花一般,叶比较特别，有点像鸭跖草科竹叶子的叶，但仅一枚大叶。叶正面有紫斑，背面可见清晰的"灯笼骨"形的叶脉。此种兰花区别于同属其他植物之处在于，距较长、唇瓣扇形。半山腰杜鹃花科的毛脉珍珠花（*Lyonia villosa* var. *pubescens*）正在开花，成排的小花像一串串微型的白灯笼。这两种植物我都是第一次见。

在纳西文化专家和力民先生的陪同下，10日上午到玉湖考察。玉湖，白沙乡的一个行政村，以前叫舞鲁肯，在玉龙雪山脚下，号称"雪山第一村"，这里有洛克的故居。洛克当年受美国农业部和《国家地理》杂志的派遣，住在这个小村庄中开展植物采集、地理考察、民族学研究，以及编写《纳西语—英语百科词典》。在洛克故居，村民和正元老先生是讲解员。虽然只有我一个观众，他仍然讲得非常认真，话语中流露着对洛克深深的敬仰之情。这有点超出我的想象，因为据有关资料，洛克办事很"摆谱"，某种意义上是个"植物贩子"。玉湖人以及丽江人高度评价洛克也是有道理的，毕竟他使这地方在全球变得更出名，当今的丽江旅游热有洛克的一份功劳。洛克出生于奥地利维也纳，1907年到美国夏威夷，自学成才，成为夏威夷大学的博物学教师，1913年加入美国国籍。后被美国农业部聘为农业考察员，派往远东，到泰国、缅甸及印度一带寻找大风子树种，于1922年到云南。

在玉湖，蔷薇科一种叫"青刺果"的长着尖刺的灌木一开始就吸引了我。这是当地有名的木本油料植物，纳西语称之"阿纳斯"，《中国植物志》称它扁核木（*Prinesepia utlis*）。在东北，小时候我们吃过同科同属的东北扁核木（*P. sinensis*），我老家不远处就有许多。

如今，玉湖是一个很小的水泡子。水很凉，有几个小孩儿见我们到来，故意下水洗澡。湖边是大片湿地，稍高的地方是庄稼地。这里特色植物非常多，比较美丽且常见的几种为：

· 莱菔叶千里光（*Senecio raphanifolius*），菊科。基生叶像萝卜叶。

· 毛茛铁线莲（*Clematis ranunculoides*），毛茛科。萼片为粉红色。

· 蚀盖金粉蕨（*Onychium tenuifrons*），凤尾蕨科。

· 川续断（*Dipsacus asper*），忍冬科（原川续断科）。和力民听到这个名字时很激动，以前他并没有将名与实对应起来。和老师说，纳西东巴把这种植物混入墨汁中，可达到入木三分的效果。

· 牛至（*Origanum vulgare*），唇形科。其花有特殊的芳香味道，类似同科但不同属的百里香。

玉湖村海拔最高的一家，主人叫和成贵（1938— ）。他家的上边，即西侧山坡上，莱菔叶千里光和蚀盖金粉蕨特别多。据说，和成贵的爷爷和二爷是洛克的助手，和成贵称洛克故居的解说员和正元为三舅。

玉湖村东侧十分平坦，当年有一座"天然机场"。1949年7月24日中午，洛克与顾彼德（Peter Goullart，1901—1975）在此乘飞机离开中国。顾彼德出生于俄国，是很出名的一部书《被遗忘的王国》（*Forgotten Kingdom*）的作者，当年曾在丽江办"工业合作社"。我和钱映紫、孟潇顶着小雨察看当年的天然机场，见到大量高大的玄参科毛蕊花（*Verbascum thapsus*）和兰科绶草。毛蕊花有一人多高，开着黄花，全株有密而厚的浅灰色星状毛。绶草分布较广，北京、河北的高山草地上也有。绶草贴地生长，高5~20厘米，花或白或粉红，像小辫子一般。

"辫子"的旋转方向有左有右。一位纳西老汉正用镐头刨地,栽种"青刺果"小苗。回头仰望玉龙雪山,云雾缭绕,雪线以上看不到。

8月13日,我们乘长途汽车由丽江到迪庆藏族自治州的香格里拉(旧称中甸县,2001年改名香格里拉县,2014年改设香格里拉市)。

香格里拉广阔的纳帕海湿地上,龙胆科椭圆叶花锚(*Halenia elliptica*)和列当科(原玄参科)某种马先蒿"分形"般地交织在一起,织就了色彩斑斓的"地毯",厚度达40厘米。我不由自主地从马背上下来,开始步行,因为"走马观花"有点对不起这高原美景,另外拍照也不方便。

第二天,其他人参拜松赞林寺,我独自一人看植物。先登上香格里拉南部的小山。下面是军营和漂亮的藏式体育场。实际上这是我见过的最有特色的体育场。小山上扁刺峨眉蔷薇随处可见,血红的"扁刺"是此植物最抢眼之处,我曾在一本国外出版的植物图册中见到过彩画。

随后,租车前往杓兰在地保护园"中甸高山植物园"。现在已更名为"香格里拉高山植物园",大门是原来的,文字依旧。门票设计很有民族味道,主体部分是一张明信片,中间印着西藏杓兰、云南杓兰、黄花杓兰、紫点杓兰四种著名杓兰的彩色照片。植物园在山坡上,从正门上去,无论什么车都没法走,这里只有一条弯弯曲曲的羊肠小道。

园中只有我一个游客,美丽的藏族姑娘卓玛央宗陪我看植物。她对园中植物的名字和分布很熟悉,带我看了多种杓兰。她惋惜地说,"来晚了,杓兰早就开过花了"。在山上野地里,武汉大学生物系的学生在做马先蒿属的授粉实验。在这么偏远的地方实习、做研究,辛苦,但也幸福。周围是无数的野花，山下则是一望无际的纳帕海。若无214国道和山上几座藏式小楼在提示，这里不存在"人"这个物种。

植物园中，桃儿七（*Sinopodophyllum hexandrum*）鲜红的纺锤形果实，令人忍不住想咬一口，但我估计，这种名贵中药植物可能有毒。桃儿七是小檗科植物，也叫鬼臼。也有人把它归为鬼臼科（Podophyllaceae），无非是强调它的独特性。有一种妇科藏药，叫"二十五味鬼臼丸"。2005年，我曾在秦岭见过桃儿七，但那时没有果。现在见了果，还没有见过美丽的花。

后来查得，桃儿七含鬼臼毒素、去氧鬼臼毒素等。

由中甸返回丽江，然后去了向往已久的泸沽湖。对于田松，是故地重游，他急切想到那里，你可能猜不到为什么：他主要是想核验一下那里的垃圾现在是如何处理的！

于涌在丽江开的绿雪斋。有一天晚上于涌请我们在楼上吃烤松茸，我竟然喝高了，据说还唱了歌。

左上图：于涌。　左中图：洛克故居。　左下图：中甸高山植物园，现已更名为"香格里拉高山植物园"。　右图：扇唇舌喙兰。

上图：扇唇舌喙兰的叶。　下图：毛脉珍珠花。

上图：扁核木，也叫青刺果、阿纳斯。

中图：东北扁核木，摄于吉林通化。　下图：毛茛铁线莲。

上图：荨麻蛱蝶，2008年8月9日摄于玉湖。

下图：藜芦科重楼属植物，2008年8月12日摄于玉湖。

扁刺峨眉蔷薇。

椭圆叶花锚和某种马先蒿组成的厚地毯。

左上图：迪庆香格里拉民族体育中心。

右上图：香格里拉高山植物园工作人员、藏族姑娘卓玛央宗。　下图：扁刺峨眉蔷薇的果。

桃儿七。　　　　　　　　　　桃儿七果实特写。

珠峰大本营的葶苈

2009年7月21日早上，不到7点我就从丹珍卓玛家的毡房中爬出来。近处地表褐黑，远处天空灰白。世界第一高峰珠穆朗玛峰就在眼前，周围山峰棱角分明，东侧山坡反射着晨曦，雪显得很白。珠峰大本营很凄凉，感觉不到有生命的迹象。

在海拔5100米左右的大本营所在地，据说以前植物很多，虽然长得不算高，但铺满了地表，而如今到处是光秃秃的碎石。只有仔细看，才能瞧到石缝中零星出现的一些矮得不能再矮的植物。紧贴地表的垫状的植物种类还不算少，有豆科、龙胆科、景天科、报春花科、蔷薇科、麻黄科等植物。

走上一个巨大的碎石堆，9点左右我突然发现一种开着洁白小花的植物！早上在河边看到许多冰碴，得知这里夜间气温降到零下。不知这种十字花科的小花是如何挺过来的。也许它早已经适应了环境，演化出了耐冻的本事。我知道同科的大白菜耐寒，但白菜花可不耐冻。在野外，我估计它是十字花科丛菔属植物，究竟是哪个种则不清楚。

这种植物非常特别，叶基生，莲座状，肉质，如果不是看到花的话，第一眼很可能误以为是景天科植物。它相对粗壮的根茎偶尔有一部分裸露在外。地上茎3~6分枝，外面包裹着密实的宿存老叶、新叶。每根花序轴上有一团小花，通常7~10朵，也有2~4朵的。开花时花序为伞房状，也可以说为某种变形的总状。萼片绿色，卵形兜状。植株的高度也就2~4厘米。花莛和萼片上均有星状毛。

"丛菔"这个名字实际上很好地描述了这个属所有植物的一般特点。丛，聚集的意思。那么"菔"是什么意思呢？《辞源》没有单独解释这个字，而是见"莱菔""芦菔""萝菔"。有的书上讲"菔"指萝卜，不确切。萝卜当然也是十字花科的，但"菔"的本意是"根"。合起来，丛菔就是一些分枝聚集在一起，与长长的根相连。

回到北京，先查《中国高等植物图鉴》，没找到。

我给丛菔属研究专家乐霁培博士写了信，传过去三张图片，请求帮助鉴定。同时我想查查十字花科的标本。8月4日，我专程到中国科学院植物研究所，请罗毅波老师带我去标本馆（代号PE）查标本。登记时发现，王文采院士刚刚来过。据说老先生身体棒得很，几乎天天来看标本。（2022年，王文采院士去世。）

丛菔属物种不多，我把本属全部标本看了一遍。这个属的标本差不多都是王文采院士亲自鉴定的。标本很多，旱生丛菔、倒毛丛菔、毛果丛菔（吴征镒1960年定名，《中国植物志》未收）、多花丛菔、细叶丛菔、线叶丛菔等，就是不见总状丛菔！我只好用排除法，根据单花还是多花以及叶形，以上这些都排除了，此外也排除了帕米尔丛菔（叶不同）。在珠峰大本营看到的植物接近于总状丛菔（*Solms-Laubachia platycarpa*，叶片肉质、花序总状），但叶柄长度与《中国植物志》相关描述有相当大的出入。我拍摄的到底是什么植物，现在越发吃不准了。

几天过去，有点郁闷，总是想起这种十字花科植物。8月11日，终于收到乐霁培的回信（他前些日子去野外了）。他告诉我珠峰的这种植物确实是十字花科的，但不是丛菔属，而是葶苈属（*Draba*）植物。晚上我用了几乎两个小时反复查对几种植物志，仍然无法确定它是葶苈属的哪个种，大概与刚毛葶苈或总苞葶苈相近。

利奥波德曾说："渴望春天，但眼睛又是朝上的人，是从来看不见葶苈这样小的东西的；而对春天感到沮丧，低垂着眼睛的人，已经踩到它上面，也仍然一无所知。把膝盖趴在泥里寻求春天的人发现了它——真是多极了。"（《沙乡年鉴》，吉林人民出版社，1997年，第25页）

葶苈属植物在中国有50多种。我注意到了这类不起眼的植物，但以我现在的水平，还无法一一分辨清楚，虽然利奥波德讲的春天开花的那一种我能够准确认出来（北京大学静园草坪上就有）。

补充：此种葶苈可能是塔什库尔干葶苈（*Draba korshinskyi*）。

绒布寺，此处海拔约5100米，后面就是珠峰。此处坐标为北纬28°11'73"，东经86°49'65"。

上图：珠峰大本营的一种十字花科葶苈属植物。　下图：珠峰大本营葶苈属植物的花序细部。

清晨从珠峰大本营望珠峰，世界第一高峰显得很矮！

假百合也是百合

当年我曾从科学社会学角度讲"伪科学也是科学",令一些人颇不高兴,说我在搅浑水。不过,今天说"假百合也是百合",却是认真的。

假百合(*Notholirion bulbuliferum*)是百合科植物的一个种,这算是植物学的基本知识。此外,还有"假百合属",此属在全世界共有4个种,中国就有3个种,产于西藏、四川、云南、陕西、甘肃。正如知母、贝母、黄精等是百合科植物一样,假百合也是百合科植物,但显然它们都不是百合科百合属植物。

以前只听说过假百合,但没见过。2009年暑假有机会到西藏,终于在林芝一睹其风采。

林芝旅行的"法定行程"中倒是有不少"植物内容",先是在八一镇附近看巨柏(*Cupressus gigantea*,也称雅鲁藏布江柏木,为西藏特有物种。注意不要与美国的巨杉混淆),然后到雅鲁藏布大峡谷看古桑树,不过这些并无多少新鲜感。行程快结束时导游开始推销到鲁朗的自费项目。我一听是顺318国道上高山观林海,立即来了精神,生怕车上大多数人不同意去而取消了此项目。导游推销时的关键词自然不是植物、野花,而是石锅鸡。"鲁朗石锅鸡"远近小有名气。

观赏完尼洋河与雅鲁藏布江交汇处美丽的风光,汽车缓慢盘旋上山。透过车窗,可清楚看到野生的蓝紫色的鸢尾、黄色的报春花、杓兰属和马先蒿属等植物。"这是百合,一种新的百合,可能是假百合!"

我突然情不自禁地小声说了出来。汽车快速掠过一种百合科植物。五分钟后，再次看到，就在车窗外盘山路靠山一侧的陡坡上。我仍然不好意思请求停车。又过了10分钟，窗外竟是一大片假百合，正值盛花期。如果这次再错过，也许要后悔一辈子。我忍不住了，终于请求停车。司机和导游非常体谅，迅速停了车。

这一片假百合约有数百株，株高40~120厘米。茎粗壮，基生叶带形。茎生叶条状披针形，稀疏。总状花序有花10朵左右，有的甚至更多。单朵花大致形状与百合属植物接近，花的整体结构安排实际上像大百合（*Cardiocrinum giganteum*），但颜色、大小完全不同。假百合的花呈美丽的蓝紫色或淡紫色，这在百合科当中非常特别。雄蕊在3/4处向上弯曲。花被片先端有一个小绿点，花被向基部颜色逐渐变深。花梗稍弯曲，每个花梗下部有一片苞片或者叫托叶，与茎生叶同类，只是越向上越小。

假百合的根部很特别，也许正是这一点才冠以"假"字：小鳞茎多数，卵形，很小，直径一般在3~5毫米。不过，在林芝我没舍得采标本，更没有挖其鳞茎。

我的土制GPS显示，此处海拔3700米左右。《中国植物志》记载，此植物一般生于海拔3000~4500米处。

鲁朗之行还有其他意外收获：第一次见到了菊科别具一格的绵头蓟（*Cirsium eriophoroides*）和龙胆科高大结实的西藏秦艽（*Gentiana tibetica*）。我费了好大精力，比较了多种植物志才查得。顺便一提，《中国植物志》的菊科卷，有些种的归并处理，让人莫名其妙。一开始我以为只是我这个外行的错误感觉，问过几个专业人士，他们也有同感。

石锅鸡已经不算什么了。有人抱怨石锅鸡味道一般，并指出锅里鸡头太多，一锅中就找出十来个！坦率说，我觉得汤的味道相当不错。也许欣赏完美丽而独特的野花，吃什么都香。对我个人而言，鲁朗150元的自费项目很值！两天后得知，有的团竟收费200元！

《中国国家地理》曾大力建构318国道的景观（单之蔷先生从科学哲学、科学知识社会学的建构论得到启发，把建构的思想活学活用到地理学和办刊当中，非常成功），此行印证318国道自然风光名不虚传。这也让我心头萌生一个念头：明年或后年夏天，可从四川成都租车进藏，想停就停，那样的话可以看到更多的野花。最好有个志趣相同的人相伴。

西藏林芝八一镇世界柏树王园林大门。

西藏林芝假百合的花序，摄于西藏林芝鲁朗的318国道旁。

上图：菊科的绵头蓟，摄于西藏林芝鲁朗。

下图：龙胆科的西藏秦艽，摄于西藏林芝鲁朗。

上图：雅鲁藏布江和尼洋河交汇处的美丽风光。

下图：西藏林芝地区318国道上的鲁郎桥，这个地方非常适合观赏植物，当然石锅鸡也很出名。

独叶草和星叶草

2010年暑假，一家三口到青海，以一般观光为主要目的，没指望遇到特别的植物。实际上五天所走路线与2010年"环青海湖国际公路自行车赛"线路完全巧合，时间上也是前后脚，我们赶在前面。7月13日，第一天由西宁向西北方向行进，翻越大坂山看门源油菜花，晚上到祁连；第二天返回青海湖，过鸟岛到黑马河；第三天到茶卡盐湖莫河盐场，然后返回西宁。几天当中陆续碰上矮金莲花（*Trollius farreri*）、露蕊乌头（*Aconitum gymnandrum*）、藓生马先蒿（*Pedicularis muscicola*）、黄花角蒿（*Incarvillea sinensis* var. *przewalskii*），均是以前没有见到的。接下来向西宁东南部走，目标是麦秀林场和孟达天池自然保护区。没想到，在最后的关头，圆了一个五年的梦。

2005年五一国际劳动节期间，《中国国家地理》执行主编单之蔷邀我同行到陕南考察。行前，关于秦岭特有植物、动物、地质等，我做了一番功课，独叶草（*Kingdonia uniflora*）和星叶草（*Circaeaster agrestis*）列入其中，并且打印了彩色照片，期望野外一睹芳容。作为高度仅10厘米的稚嫩小草，它们不像水杉、银杏那么高大，不像杓兰、紫斑牡丹那么耀眼，也不像木姜子、苁蓉那么有用，凭什么赢得人们的青睐？回答是，独特的分类学意义，另外它们能间接反映生态系统的状况。

那次考察虽然见到了许多新奇植物，秦岭的佛坪自然保护区给我留下难忘的印象，却没有找到这两种珍稀小草，多少有些遗憾。不过，从那时起，就锁定了它们。两年后的2007年6月30日，我独自到四川黄龙旅行，上山通常是不坐索道的，那天不知是哪根神经让我坐上了缆车。索道只达半山腰，需步行到黄龙寺。剩下的路程十分轻松，几乎是沿等高线行走。熙熙攘攘的游客把我自然地挤到了路边，无意中成就了个人的一个小发现：路边十几厘米处就有独叶草！成片生长，多得很。当时我用的是索尼F828相机，狂拍了一通。

三年后的2010年7月17日，在最后一站"孟达国家级自然保护区"，又是无意中见到了星叶草！至此，前后历经五年时间，分别与独叶草、星叶草相遇。回想起来，第一次苦苦相求，无果而终，后两次均是不期而遇，喜出望外。

孟达天池距循化撒拉族自治县积石镇35千米左右。7月17日早上8时，马师傅驾车从积石镇出发，我们一家三口沿黄河南岸向孟达行进。河谷道路险峻，稍不留神，滑下河谷，必将车毁人亡。山谷的黄河水时而奔腾，时而幽静。平缓流动地段的黄河水，像精心调制的棕色涂料，离几百米似乎就能感受到胶体的滑润，并有煮热的巧克力的味道！一向令人讨厌的污浊泥水在青海东南部山区的具体环境下，竟然呈现出无限的美感。黄水是河水的一种独特存在方式。谁规定河水是清澈的，或者只能清澈的才是好的？黄河就应当是黄的，从来如此，也将延续下去。

突然间，透过车窗看到一种黄花植物，大约是一种补血草，立即请马师傅找个宽敞地方停下来。回走了300多米，仔细端详，果然是补血草，而且是一个特殊种类。回北京后查得它是黄花补血草（*Limonium aureum*），也叫金色补血草，这是我见到的除二色补血草、中华补血草之外的同属第三种植物。其特点是花金黄色，另外，为减少水分蒸发，茎生叶退化成枝状，仍呈绿色，有点像茶卡盐湖边的碱蓬肉棒。

一个多小时后到达孟达保护区山门，周围景物焕然一新，仿佛一下子由西北干旱区走进了温带湿润区。孟达天池有"高原西双版纳"的雅称。山谷和山坡分布有大量野生华山松和青杆，如今这两种裸子植物在城里已常见，比如北京大学校园就有，但是野生的与栽培的就是不一样。到达天池，还有200多米的高度，可骑马或步行，女儿和我选择了步行。一小时后，透亮的天池像火山湖一般呈现在眼下，其实它是由第四纪冰川形成的。湖面东西长800米，南北宽350米，湖面海拔2504米，深度据说只有30多米，比长白山天池小许多、浅许多，但湖面海拔高出350多米。

湖边东南岸边修有栈道，行走、观景十分方便。其他人走了一段，均四处休息了，仅有我一人背着硕大的背包不断向前、向前。11点半左右我走到了天池西南端，沿台阶下行接近水面时，突然发现左侧有一种特别的小草。定睛一瞧，是星叶草，绝对是星叶草！环顾周围，几十米长的道路上方均有成片的星叶草。相机上的GPS显示此处位置为北纬35°47'43"，东经102°40'36"，海拔2517米。

这里的星叶草，高不足10厘米，整体上如一把参差的平顶小雨伞。放射状的小叶楔状，长短不一，边缘有齿。伞杆半透明，棕红色。从伞底往上瞧，两片长条形子叶宿存于伞杆的开关处。上面紧接着密集生长了十多片叶子。叶脉与独叶草、银杏相似，二歧分枝。此时花已开过。簇生的叶片上部有5~10个瘦果，顶端有钩状毛，外形如狼牙棒。

独叶草和星叶草均为单种属国家重点保护野生植物（二级），在

《中国高等植物图鉴》中暂时分在毛茛科下，许多分类学家建议单列为科，可见它们极为特殊。现在两者都列在星叶草科中。

100多前的1881年，星叶草被圣彼堡植物园的远东旅行家马克西莫维奇（K.J.Maximowicz，1827—1891）发现并命名，学界对其系统位置一直有争论。它曾被分在毛茛科、金粟兰科、小檗科或三白草科。哈钦森于1926年建立了星叶草科。陕西师范大学任毅教授的研究表明，星叶草属仍然是毛茛目成员，此属与毛茛目其他成员在维管系统和胚胎发育方面的区别暗示，"星叶草属在毛茛目内发生以后，可能是沿着一条特化和简化的途径发展的"。

星叶草周围有罂粟科蛇果黄堇、蔷薇科峨眉蔷薇、花葱科中华花葱、紫草科长叶微孔草，还有毛茛科楼斗菜属、蓼科、堇菜科、小檗科、柳叶菜科、五加科、茜草科等植物，等我把周围生态环境一一拍摄完毕，已经半个小时过去，周围没有其他人。这个国家4A级景区没有手机信号，没法与家人联系，我急忙奔跑着撤回。见到家人后，我兴奋地报告见到了新植物，女儿嘲讽地说："难道别人不曾见过？""当然不是，专家早就见过，一百多年前就见过，"我又不甘心地补充说，"不过，我猜测今天孟达山上的几百游客中或许只有我见过并认出它来！"

在博物学的意义上，书上写着、别人见过，与自己亲自相见并相认，那是完全不同的事情。

上左图：毛茛科矮金莲花，摄于青海大坂山。

上右图：玄参科藓生马先蒿，摄于青海麦秀林场。

下图：毛茛科露蕊乌头，摄于青海麦秀林场。

大图：黄花角蒿花内部构造。　小图：紫葳科黄花角蒿，摄于西宁植物园。

上图：从青海循化县城去孟达天池的路上所见的黄河之水。 下图：独叶草，摄于四川黄龙。

上左图：星叶草科星叶草背面，摄于青海孟达天池。　上右图：星叶草正面。

下图：星叶草群落，周围有蓼科、柳叶菜科、蔷薇科、禾本科植物。

左图：黄花补血草。摄于青海循化。

右上图：罂粟科蛇果黄堇。摄于青海孟达天池。

右下图：孟达天池的红桦。

伍。

域外惊鸿

柬埔寨的几种热带植物

有足够的资金支持和闲暇，计划周全，专门到远方考察植物，当然棒极了。但通常我们没有那样的条件。

随旅行团看植物，一般说来不切实际，因为多数人并不喜欢植物。你想停下来观察时人家并不安排，当你仔细端详某种植物时，整个团队可能已经走得无影无踪。但是也并非一点余地没有，几年下来，我已修得一点功夫，见缝插针，拍摄了许多在家乡根本无法见到的植物。

2007年初，我们一家三口报团来到了柬埔寨。考虑到过海关麻烦，这次外出没有带计算机。为了保证数码相机存储卡足够用，行前特意到北京大学西面"硅谷电脑城"购买了一个4G的CF卡，砍完价530元。现在人们都开始用较小的SD卡，CF卡只在一些单反机上使用。出发时SONY F828机器里先装了两个256M的CF卡和一个128M的记忆棒，1G和4G的CF卡都放在背包里。结果，在金边第一天就出了点小问题。（2021年注：十多年后再看当年的记述，可能觉得不可思议，现在128G的CF卡也就500多元，4G以下的CF卡扔掉都没人要！但是想一想，存储卡的容量快速进步，我们拍的照片是否等比例地变好？没有。）

在北京乘南航CZ323航班，经广州至金边，共用近6小时。第二天下午乘大巴到暹粒（Siem Reap），314千米走了近7小时！柬埔寨没有高速公路，金边到暹粒的公路还是日本帮助修建的。路面质量倒是不错，但不宽，司机也不敢开快，水牛、行人、农用车偶尔会横穿公路。

此行在金边，主要看红色高棉的监狱、独立纪念碑、王宫、洞里萨河与湄公河交汇处等。在暹粒，主要看吴哥的各个古迹及洞里萨湖（Donle Sap Lake）。Sap是"淡"的意思，Donle是"水""湖"的意思。柬埔寨流通的货币以美元为主，最好使，其次是柬币。人民币也能用，但不如在越南好用。当时1美元等于4500柬币，250克腰果大约2.7美元。据说政府职员月工资只有50美元左右。柬埔寨经济增长较快，1994—2005年，年平均增长8.2％，其中2005年增长13.5％。整个柬埔寨当时基本没有高楼大厦，首都的楼房多数不超过4层。现在全国只有两个机场，一个在金边，另一个就在暹粒，不久还会开通西哈努克市机场（在南部海边）。三个机场均由法国SCA投资并运营。金边街道上的景象与越南河内差不多，摩托车是主流交通工具，行人想过街道很费劲。一辆摩托车上多者可乘5人！车辆有牌照无牌照都可以开，顺行逆行也无人管。

有两条大河在金边交汇，一条是洞里萨河，一条是湄公河。湄公河是著名的国际河流，起源于中国，在中国境内叫澜沧江，然后穿越缅甸、老挝、泰国、柬埔寨和越南，流入南中国海，全长4688千米（中国境内2354千米）。

这次外出旅行，在金边看半天住一晚，在暹粒看两天半住三晚，总费用5000元人民币，另加小费60美元，"性价比"还不错。除了感觉交通不便外，柬埔寨给人的印象好极了，全团30多人看起来都非常兴奋。我女儿一直说没看够，还想再来一次。对我来说，的确收获甚大，远胜过到俄罗斯、缅甸、越南，其中看到20多种以前从来没有见到的热带树木，真是令人振奋。回家后的第一份功课就是为所拍摄的植物定名。

在柬埔寨金边王宫出口处巧遇玉蕊科植物炮弹花。对北方人来说，这种花一生中很难见到。棕色的圆圆的炮弹状果实更是奇妙，这季节还没长出来。

2007年1月26日，先参观柬埔寨首都金边独立纪念碑和红色高棉的种族灭绝博物馆，然后参观西哈努克国王王宫。我很在意建筑和植物，对王宫内部的"贵重物品"毫无兴趣。王宫不算大，但植物很多，鸡蛋花、旅人蕉、凤凰木、多花紫薇、黄蝉、三角梅、龙船花这些常见植物，都长得不错，其中鸡蛋花和龙船花有点特色。中午在王宫转了半天，其他人都去看佛像和地面铺的什么大块"银砖"，我则溜出来看花。在出口的转角处一个小货摊后面，猛然见到一种从未见过的奇花。急着拍摄，真是不巧，此时相机存储卡满了。当机立断，删除其他多张照片，补照了这种植物。正午阳光颇强且逆光，脚下有货摊，好不容易拍摄了5张。这时候，其他游人也凑上来观看。

这次不经意看到的竟然是极有名的炮弹花（*Couroupita guianensis*，英文名为cannon-ball tree），也称炮弹树，是北方难得一见的玉蕊科植物。说真的，我当时并不能认出它是什么植物。树上钉有一标牌，所写名字为龙脑香科娑罗双（*Shorea robusta*）。事后查书，那牌子写得不对，也可能钉错地方了。

很多年前在一本植物书中见到炮弹花的果实，但没有见到花。这次实际看到花而没有果实（2008年2月1日，终于在斯里兰卡见到炮弹状果实）。炮弹花这种植物，果实如炮弹，大而且非常圆，直径在12厘米左右，可能因此而得名。2002年，中国和马来西亚联合发行一套珍稀花卉邮票，共两枚，一枚为金花茶，由中国的张桂徽设计，另一枚就是炮弹花，由马来西亚榛子工作室设计。这套邮票我购买了许多，据说升值了。邮票上画的炮弹花与真实的炮弹花相比差远了。实际上在金边的时候，我还没有把邮票上的花与所拍摄的花对应起来，毕竟邮票太小，看不清花的细节。关键的问题是，在见到实物前，我对这种植物直观感受、印象太少了。这也说明博物学要讲究亲身体验，而且要反复体验。有了这次深刻的体验，再碰上这种植物百分百可以认出来。

要注意的是，紫葳科还有一种炮弹果（*Crescentia cujete*），也称瓠瓜木、葫芦树、红椤，它的果实也像炮弹似的。海南兴隆就有，最近两次到深圳，在红树林公园也见到了。

上图：紫葳科的炮弹果，2005年摄于海南。它与玉蕊科的炮弹花的果实颜色、花序不同。

下左图：柬埔寨金边西哈努克王宫院子中的夹竹桃科植物鸡蛋花。

下右图：王宫院内鸡蛋花的细节，有5个花瓣，呈现螺旋形。

吴哥古迹是指分布在洞里萨湖东北角暹粒省的一系列著名的具有印度教、佛教色彩的高棉寺庙，建于9—13世纪。吴哥古迹主要包括小吴哥、大吴哥、女王宫、圣剑寺（国王为纪念其父亲而建）、巴孔寺、罗洛寺、塔普伦寺、巴肯山等。其中最有名的是小吴哥（Angkor Wat），曾被列为世界七大奇迹之一。Angkor是"城"的意思，在柬埔寨到处可以见到Angkor字样，就像在中国到处可见"长城"字样一般。暹粒虽是第二大城市，但全市目前只有三个红绿灯。据说2002年时全市只有一家酒店，现在已有150家。预计此城会迅速发展，在几年内超过首都金边。

塔普伦寺（Ta Prohm）位于小吴哥的东边不远处，是阇耶跋摩七世（Jayavarman VII）国王为纪念其母亲，于12世纪晚期修建的一座佛教寺庙，以其高耸云天的大树与古迹共生为特色，但很少有人能够准确叫出那些巨树的名字。看来现存的这些大树并非什么人特意栽种的，而是寺庙废弃后，偶然生长出来的。

重重压在寺庙石质建筑上的高大的有板根的一种树，实际上就是四数木科植物四数木（*Tetrameles nudiflora*）。一位友人多年前来到柬埔寨，给我传过一张照片，我还以为它是桑科榕属植物呢。此时，这些四数木在旱季叶子已经落光，树干在阳光照射下呈灰白色。

塔普伦寺建筑破坏严重，这些参天大树将来会压坏或挤坏建筑。19世纪法国人在热带森林中"发现"了这处建筑并严格保护起来。现在树木与石建筑已经共生为奇特的景观，两者都需要保护，甚至某种意义上讲，就这个寺庙而言，树之重要性不亚于建筑。

中心区有一株吉贝被后长出来的菩提树（*Ficus religiosa*）包围、困

吴哥古迹塔普伦寺中的四数木科四数木。

上图：四数木根部盖在古迹上面。此树目前还旺盛地活着，将来有可能把古迹压坏。

下左图：四数木板根左右迁回，然后扎入地下。塔普伦寺石质建筑被压在树的下面。

下右图：塔普伦寺的一处浮雕。

死。实际上，这棵吉贝的死亡就发生在最近几年。我在网上搜索到外国摄影师在此地拍摄的同一对象，那时那株吉贝还活着。在热带地区，在棕榈树、椰树等植物上经常可见到一些榕属植物小苗，可以预见，用不了多久，榕属植物就会长成笼状，一点一点地绞杀它所包围的植物。

女王宫、塔普伦寺、圣剑寺的周边，均有紫薇属高大乔木，直径可达1.5~2米，高达数十米。从树皮的形状和粗大树干上发出的嫩芽可以立即断定是千屈菜科紫薇属植物，究竟哪个种当时无法判断。查资料得知是副萼紫薇（*Lagerstroemia calyculata*）。在北京只能见到紫薇（*L. indica*）和浙江紫薇（*L. chekiangensis*），直径很少有超过20厘米的，而这次旅行每天都能见到数株高大的副萼紫薇，心里一直保持着激动，数了一数，单为这一种植物前后就拍摄20多张照片。

在园艺界人们常用紫薇造景，"以曲为美"，并且故意把不同的枝条割破皮后捆绑在一起，让它们重新长在一起。我在北京、苏州、贵阳、黄果树都见过这种折磨植物的把戏。中国和日本文人欣赏这种"盆栽"，我却始终喜欢不起来。见了数十米高的副萼紫薇，体验那种雄浑的美丽、力量，也就更难看重盆栽了。如果北京的紫薇不人为去"折腾"它，会不会长成参天大树？因为同属不同种，它也许会，也许不会，但肯定会长得舒展、自然一些。中国科学院香山植物园（现为国家植物园南园）特别修建了一个紫薇园，据说有数百个栽培品种（我看过多次，估计没有那么多），但目前尚没有一株长成大树。

在塔普伦寺，入口的不远处靠近小路北侧有一棵高大的黑檀，也叫乌木、乌檀。树龄有几百年，它的根部分露在地表，被游客踩得黑亮黑亮，花纹十分清晰。这种木材的确非常漂亮，备受家具商喜爱，材质坚硬而且比重大，木材放在水里会立即下沉。黑檀是柿科柿属植物，英文为Ebony，有好多个种，我们见到的这株还无法定出种名。紫檀、绿檀（*Guajacum officinale*，蒺藜科，有"生命之木"之称）、黄花梨（*Dalbergia odorifera*，豆科黄檀属）、黑檀都是名贵木材，据说一把黑檀椅子要上万元，一只绿檀小笔筒价格在300元以上。绿檀与黑檀比重均大于1，分别为1.37和1.12，因而会沉于水中。"檀"，梵语是"布施"的意义，转义为"不朽"。游人中，没有几个人知道这是有趣的优质木材，连瞧一眼都不愿意。如果告诉他们由它做成的家具相当值钱，大家一定瞧个没完。从博物学的观点看，值不值钱是次要的，只要它独特、美丽，就有价值，就值得尊重、保护。在环境美学家卡尔松（Allen Carlson）和环境伦理学家罗尔斯顿（Holmes Rolston III）等看来，自然全美、植物全美，每一种植物都是独特的、都是美丽的。达到这种境界是困难的，但可以不断追求。

左图：吴哥古迹之一塔普伦寺中的柬埔寨儿童。
右图：塔普伦寺一株高大黑檀的根部。

上左图：塔普伦寺的一株名贵植物黑檀。

上右图：圣剑寺的门口一株副萼紫薇，下部树干开裂。注意上面附生了两种兰科植物。

下图：女王宫附近的一株副萼紫薇，直径约2米，高达30米。这种树长得太高大，叶子看不清楚，此图展现的是从老树干上刚发出的新芽。

换一个角度远观圣剑寺那株副萼紫薇，附生的兰科植物可以看得很清楚，但兰科植物距地面有十多米，此时也未开花，无法鉴别种类。

作为北方人，平时很难见到山榄科植物，这次去吴哥竟然见到三种。其中一种是人心果（*Manilkara zapota*），因为是19:30在一家餐厅吃饭时见到的，没拍到照片（2007年我在深圳看到并拍摄了这种植物）。还未成熟的橄榄状小果子的魅力倒是领教了。餐厅服务员给我摘了一颗，顺着蒂儿冒出的"乳白胶"与木工用的乳胶相差无几，黏在手上好不容易才洗掉。另两种都拍到了照片，分别为星苹果和蛋黄果。

山榄科植物星苹果，果实尚未成熟，呈绿色。摄于吴哥古迹群中最有名的小吴哥的右侧（南侧）。

上图：柬埔寨暹粒水果市场出售的成熟星苹果，颜色有点像茄子。

下左图：山榄科植物蛋黄果，叶和果均与漆树科杧果很像，但花序、果形和味道不同。

下右图：蛋黄果的种子，形状很奇特，2／5是糙面，3／5是光面。

（1）在巴孔庙西侧和小吴哥南侧都见到了星苹果（*Chrysophyllum cainito*），别名星萍果、金星果、牛奶果，英文为Star apple。果皮淡紫色，半熟的果实捏起来有弹性，有手捏馒头的感觉。叶子浓密，叶背面棕褐色，叶脉清晰，有茸毛，正面绿色，这种特征俗称"两面派"。在水果市场人们都叫它牛奶果，如果你问"星苹果"，几乎没人知道。但是，叫牛奶果的水果有多种！比如桑科就有一种水果叫牛奶果。不过，即使"一对多"的俗名，也是非常有用的。我就是根据"牛奶果"这个线索，迅速找到它的学名的。从博物学的眼光看，地方名、俗名非常重要，尤其在不知道某植物所在科的情况下，任何一个俗名都可能成为"救命稻草"。

（2）在吴哥罗累庙和巴孔寺见到蛋黄果（*Pouteria campechiana*），其英文为Egg fruit，我国海南省有售。果肉是干而绵的，像很面的红薯或者鸡蛋黄。2005年，我去海南，吃过，并且留下了种子，现在仍然保存在家里。以前我从未见过此植物的原树，不知道它长在树上啥样，也不知道它的学名。我依稀记着"鸡蛋果"这个俗名，依此查找没有收获，换成"蛋黄果"一试，立即见成效。

蛋黄果叶子很像漆树科的杧果，果形也近似，但细看的话，花序、果形均有差异。蛋黄果的花序短、果形相对圆一些，另外果肉含水量极少，味道也不同。

另一种叫作青枣的植物也值得一提，在巴孔庙和小吴哥，都见到了青枣大树。去年我在新浪博客的一篇文章中提到三种枣：枣、青枣和沙枣。其中青枣（*Zizyphus mauritiana*，为鼠李科枣属植物）我以前只见过果实（商店有售），未见原树（2009年在广西开现象学与科学哲学会议期间，看见过栽种的）。到暹粒的第三天，在小吴哥南侧，两个柬埔寨小孩往树上丢木棒打果子，见我过来热情地送上几粒。果子比商店卖的小多了，我尝了一下，很甜，确认就是青枣。还有一种带"枣"字的植物叫"拐枣"，2006年在武汉植物园见过，也尝过，有股怪怪的甜味。保定一所大学的校园中也栽种这种植物，我和刘兵教授去看过。其实北京房山就有野生的。

植物的一个奇妙之处在于，在完全不同的气候条件下，竟然生长着十分相近的种类（同科同属不同种）。2006年，五一国际劳动节到新疆，在吐鲁番高昌故城见到一种匍匐于地面、茎上有刺的木本植物，事后费了好大劲才查到它的芳名。线索也是先有一个地方名。当时我问了好几位维吾尔族老乡，根据其发音记录下来好像是"爷西果"，猜测他们说的大概是"野西瓜"。果然，顺此线索，确定了它是刺山柑（*Capparis spinosa*），白花菜科。

这次在吴哥古迹的"盘龙吸水"附近见到一种藤本植物薄叶山柑（*C. tenera*），也是白花菜科的。到此为止，加上草本的、十分常见的醉蝶花（*Cleome spinosa*）（在北京、杭州、吉林通化、西安都见过），白花菜科的植物我已积累到3种。

薄叶山柑和刺山柑都是槌果藤属植物，共同特点是枝上有刺。刺山柑的花我没见着，薄叶山柑的花却看了个仔细。花有4瓣，分成两组。上面一对花瓣宽且颜色多变，呈棕红色、淡黄色。下面一对细长，为白色。花丝约18个，细长，白色，向外伸展。有的枝上已经结果，样子有点像茄科"红姑娘"未成熟的、用来"咬响儿"的果实，外表有花纹。吴哥当地很普遍的一种淡黄色蚂蚁在果实上转来转去。这种蚂蚁咬人不含糊，我曾不小心踢破了它们在一株木棉树干上用树叶缝制的窝，数百只蚂蚁立即拥出。我上前拍摄，有几只顺势钻进袖口，狠咬了我一顿。

使君子科植物使君子。

上图：白花菜科植物薄叶山柑的花。 下图：薄叶山柑的果。

早晨、中午吃饭我总是加快速度，第一个吃完，节省出时间到周围转一转，可以多看一些植物。见到的多是凤凰木、琴叶榕、芭蕉、露兜树、波罗蜜（木波罗）、使君子、杧果、桉树、假连翘、文殊兰、假槟榔、花叶木薯、刺桐、番木瓜等，就新颖而言，使君子算一个。当然还有一些草木我根本不认识，到现在还没有查到名字。使君子（*Quisqualis indica*），又名舀求子、玉楼子，使君子科。花萼筒长管状，长达7厘米。花冠初开为白色，后渐变成红色。这个科的植物目前我只见到此一种。在深圳，使君子非常多。

这次没有机会钻进森林，见到的兰科植物不多。倒是多次见到附生在副萼紫薇或椰树上的兰科植物，叶子有点像虎头兰，但因为没见到花，距离地面又很远，根本不知道是什么兰。

最后一天车子从暹粒返回金边，又是难熬的7小时。与来时一样，中途照例休息两次，让大家"唱歌"（上厕所之意。田松博士的文章"让我们停下来唱支歌吧"，就有这一层含义，当然不限于此）。油焖的黑蜘蛛有我中指长，过来的时候1美元可买4只，这次回来的时候1美元10只。我女儿狠狠地吃了一些硕大的黑蜘蛛。我也勉强吃了两只，很香。一般来说，小女孩是不敢吃这种可怕东西的。也许小时候我训练她吃蚂蚱，奠定了一定基础。女儿有时胆子很小，有时又很大。有一次学校走廊中发现一只大毛毛虫，男女学生惊叫着，我女儿走上前，二话没说，直接用手拿起来，扔到了垃圾桶里，周围同学目瞪口呆。

在归程靠近金边的一个"唱歌"点，见到并吃了文定果（*Muntingia calabura*）。当时只猜测它是椴树科植物，回北京后查到学名，它的别名

上图：文定果科植物文定果，花为白色，颇像毛樱桃的花。

下图：一粒成熟的文定果。萼片很像小番茄的萼片，但两者不同科。

为丽李、南美假樱桃，原产于南美。这种植物枝平展，树冠分层（便于吸收阳光，与灯台树相似），叶长椭圆状，先端尖，纸质，边缘有锯齿。花白色，5瓣，很像在北京看到的毛樱桃的花。果实熟时红色，直径不足1厘米，浆果，我尝了两个，非常香甜。书上说，此植物适合作行道树、诱鸟树，生长快。按APG IV系统文定果又调到了"文定果科"！

在金边过海关时，我们碰到中国大陆几名前往柬埔寨考察植物的专家。我想，他们真幸运，能有更多时间仔细欣赏那里的植物，不像我只能忙里偷闲，看一点、拍一点植物。

柬埔寨王国，是一个快速发展中的、有着绿色诱惑的国度，一个有着伟大传统的国家。冬天想体验绿意的"北方佬"，不妨趁旱季到柬埔寨一游。

柬埔寨暹粒小吴哥卫星影像图，从图中几乎能够辨识我所拍摄的每一棵树。小吴哥曾被誉为世界七大奇迹之一，石质建筑保留完好，浮雕非常精美。如图所示，小吴哥正门朝西，这是吴哥古迹中唯一正门朝西的建筑。

上图：小吴哥的浮雕与外国旅客。

下左图：柬埔寨洞里萨湖贫穷的水上人家。全家人使劲地划船，向游客卖一些香蕉。

下右图：10世纪女王宫建筑装饰中的眼镜蛇形象。到柬埔寨吴哥主要是看建筑，而我不懂建筑。在柬埔寨虽然只有几天，眼镜蛇的形象随处可见，从女王宫、巴孔寺到大吴哥、小吴哥，再到金边王宫，都有多头的眼镜蛇建筑装饰。

华贵璎珞木

2008年2月2日，我们一家三口来到斯里兰卡古城康提（Kandy）郊区的皇家植物园：佩拉德尼亚植物园。它被一条大河包围着，局部地理位置很像西双版纳的葫芦岛植物园。这是我见过的最新奇、最漂亮的植物园，在这里我第一次见到了活着的塞舌尔椰子（海椰子）和活着的绿檀。

斯里兰卡导游尼山达恰好也是个植物爱好者，我们在园中慢慢地瞧着，不知不觉一整天过去了。细说起来我们还是校友，他曾在中国人民大学读过书。刚到植物园入口处，我就被一串串奇特的红花吸引了，但树上没有标牌。回北京后，找到其学名*Amherstia nobilis*，但无中文名。后来又查了一些资料，对此植物有了一些认识。

属名*Amherstia*来自人名，这个属曾有人译作璎珞木属；种加词意思是"贵族的"，于是此植物的中文名可叫作"华贵璎珞木"。它原产于缅甸，热带地区有栽种，我国没有这种植物。璎珞木属是豆科苏木亚科的单种属，即此属只有一个种，与中国产的猥实情况类似。这种植物的缅甸名为托卡（Thoka），俗称有"缅甸的骄傲""花中皇后""最美的花树"。

华贵璎珞木是一种小乔木，无刺。羽状复叶。花极具观赏性，花序呈长串状，下垂，长达10~20厘米，有点像红鞭炮挂在树上。2片红色宿存的宽大次苞片长达5厘米，距离萼片较远，中间有一段红色的光滑轴。萼片4，相对较小，翻卷。花瓣为艳丽的粉红到玫瑰红，末端有黄色的指示斑纹，实际上是用来引导动物为其传粉的。花瓣5，其中上部3大，下部2小（残存，有时不见）。上部3个花瓣当中，中间一个特别宽大，另两个狭长。10个雄蕊，其中9个一组基部连在一起形成一个花丝管，位于下部，向上弯曲；这9个雄蕊中5个较长、较大，4个较小、较短；另一个独立的雄蕊附着在子房基部的花梗上，位于上部。子房刀状，很少结实。2000年，塔克尔（Shirley C. Tucker）在《美国植物学杂志》发表长文介绍了对豆科苏木亚科中璎珞木属、宝冠木属和酸豆属三个代表种花发育的比较研究，附有大量扫描电镜（SEM）照片。

学名是由沃利奇（Nathaniel Wallich，1786—1854）于1826年（据IPNI. org）给出的，《柯蒂斯植物杂志》2003年的一篇文章说是1829年，沃利奇的《亚洲珍稀植物》第一卷出版于1830年。沃利奇是个全才，生于哥本哈根，一生曾为两万种植物编目。其经历有点类似到云南的约瑟夫·洛克，都热爱当地的文化，在植物学上他比洛克更专业，经历更复杂。

沃利奇说："我第一次得知存在这种优美的乔木是在1826年8月。当时克劳福德（Crawfurd）先生送我一个腊叶标本，有若干未开放的花苞和一枚叶。还附了一则说明，是从同年5月19日《加尔各答政府公报》上他访问马达班的报道中摘录的。"（据 *Plantae Asiaticae Rariores*，1830，London，Vol.1，p.3）。但是人们并不认识这种植物。第二年3月沃利奇根据克劳福德提供的信息，终于在距马达班27英里（1英里约为1.609千米）、沙伦河岸边2英里处一座破败寺院的花园里找到了两株华贵璎珞木。大者高40英尺，距地面3英尺处周长为6英尺（1英尺约为0.3048米）。当时树上悬挂着许多硕大的朱红色花序，非常壮观。他认定，这是世界上最优美、最高贵的造物。但没人知道附近是否还有野生的植株。他甚至有点怀疑它源于这个省的森林。

沃利奇说，非常得意的是，他能以尊敬的阿美士德伯爵夫人萨拉（Lady Sarah Amherst）及其女儿的名字来命名这种美艳绝伦的植物。因为她们是博物学各分支特别是植物学的热心朋友和倡导者，对印度斯坦（南亚）西北地区进行过广泛而艰苦的考察，在喜马拉雅山附近海拔10000到12000英尺的地方度过数周时间，返回英格兰时带回了许多有趣的植物种类。

萨拉是印度总督阿美士德（William Pitt Amherst，1773—1857）之妻，她是当时一流的植物学家。白腹锦鸡这样一种美丽的长尾鸟，学名 *Chrysolophus amherstiae* 的种加词也来自她的名字，在英语世界这种鸟被称为"Lady Amherst Pheasant"。阿美士德1816年曾代表英国出使大清帝国，他是在马戛尔尼（Earl George Macartney，1737—1806）之后第二个来华的英国大使。阿美士德封爵后名字变为"Earl Amherst of Arrocan"，简称 Lord Amherst，当时中国人称他"罗耳阿美士德"，也称"罗尔美都"。

发现华贵璎珞木的消息很快传开，德汶郡公爵（Duke of Devonshire）找来年轻的植物学家吉布森（John Gibson），下了一道命令："竭尽所能去找华贵璎珞木。"吉布森在加尔各答看到沃利奇带回来的璎珞木正好开着花，他高兴极了，绕着此植物拍着手，像孩子一样，一连转了三圈。吉布森奉命去马达班采集了一些枝条和种子，但没有繁殖成功。公爵不得不向东印度公司寻求种源，后者于1839年将此植物栽种在阿美士德官邸。

1847年，《园丁记事》（*Gardeners Chronicle*）报道，劳伦斯夫人将

其植于伊灵公园（Ealing Park），她找到了新的繁育方法，两年后开花。据说德汶郡公爵闻讯很不爽。

1865年，帕里斯牧师（Reverend C. Parish）到沙伦河和雍扎林河（Yoonzalin River）一带搜索野生的华贵璎珞木。他声称，在一个"所能想象的最蛮荒"的地方终于找到了一株仍然处于野生状态的，但他没有给出具体位置。有人怀疑他根本没有找到。

后来一个叫昆斯的人在德国的一部植物繁育手册中讲了此植物的生态学，指出它是靠一种太阳鸟来传粉的。他旅行到爪哇的玻格（Bogor）植物园，亲自做了人工传粉小实验，没成功，但他实际观察到了太阳鸟为其传粉的过程。

1856年4月，此植物传播到了英国邱园，目前还存活于棕榈温室中。现在许多热带国家栽培了这种植物。据富西特（William Fawcett）1897年在《植物学公报》上的文章《牙买加的植物园和种植园》，1846年曾在英国邱园工作过的能人威尔逊（Nathaniel Wilson）被任命为牙买加"全岛植物学家"（1793年Thomas Dancer，1825年Jas. MacFadyen，1828年Thomas Higson分别被委任此职）并负责牙买加的巴斯植物园。他与英国邱园的园长胡克（W. J. Hooker）仍然保持联络，从邱园以及世界上其他地方引种了一些植物，包括纤维植物苎麻。1846—1847年，他从邱园引进了杧果、荔枝、榴梿、矮香蕉。1849—1850年，凤凰木、火焰树、叶子花、苏木、华贵璎珞木和阿萨姆茶也在牙买加落户。从时间上看，华贵璎珞木不是从邱园引进的。

我还找到另外一条记载。黄金海岸（今加纳）植物站主管克劳瑟

（W. Crowther）曾奉命进行为期两周的植物园考察。1893年11月12日的行程是卡瑟尔顿（Castleton）植物园。报告中说，5点起床，5点半起程赴距离金斯顿19英里的卡瑟尔顿植物园，8点半到达。在河边吃过早餐，与负责人坎贝尔先生一起看植物。"这是西印度最棒的植物园之一。"园中收集了大量棕榈和经济植物，还有兰花和蕨类。"在我参观的时候，一些有趣的热带植物正在开花，其中最著名的有：华贵璎珞木，一种装饰性树种；炮弹树；雄株和雌株肉豆蔻树；丁子香；玉桂子。当时炮弹树和一些棕榈科植物已经结了果。"

非常可惜的是，华贵璎珞木这种优美植物早在1865年时，就已经找不到野生植株了。1827年沃利奇描述的一个细节值得注意：华贵璎珞木与印度无忧花（*Saraca asoca*）都被植于寺庙的入口处，它们的花被用于宗教活动。如果不是植于寺庙里，恐怕它早就灭绝了。

华贵璎珞木这个物种得以幸存，与"自然圣境"（Sacred Natural Sites）有相当大的关系。这使我思考北京最大的一株银杏树为何存活于潭柘寺中，而其他巨大的银杏也主要存活于八大处大悲寺、怀柔红螺寺、香山卧佛寺、海淀金山寺等寺院当中。全国的例子就更多了，山东莒县浮来山定林寺有3000年的银杏树，陕西周至县楼观台宗圣宫遗址有2500年的银杏树，河北元氏县湘山普济寺有1000年的银杏树。无疑，这些自然圣境为保护生物多样性做出了贡献。昆明植物研究所民族植物学实验室的裴盛基说，各族人民曾以传统文化为依托建立了各式各样的民间自然保护体系，自然圣境就是这类民间自然保护体系的重要组成部分。

华贵璎珞木，2007年摄于康提。

华贵璎珞木正面照片，2007年摄于康提。

Amherstia nobilis

《亚洲珍稀植物》中的华贵璎珞木彩色绘画。

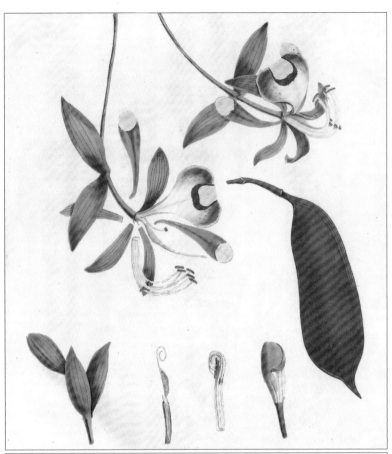

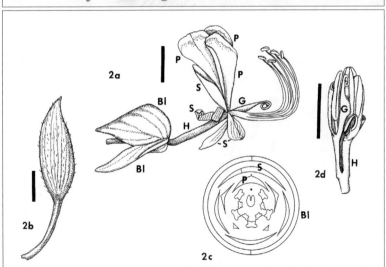

上图：华贵璎珞木花分解图，据《亚洲珍稀植物》。

下图：塔克尔文章中的花分解图和花程式图，2000年。

最大最重的种子：海椰子

世界上体积最大的树是美国的巨杉（*Sequoiadendron giganteum*）；最大的单个花是大王花（*Rafflesia arnoldii*）；而最大的种子则是海椰子（*Lodoicea maldivica*），也叫塞舌尔椰子、美臀椰子，原产于印度洋西南部的塞舌尔群岛。此植物雌雄异株，为棕榈科单种属植物。寿命长，生长缓慢。目前原产地塞舌尔的两座岛屿上有5000株左右，其他国家有少量栽培。海椰子在塞舌尔的地位相当于大熊猫在中国的地位。目前，全世界每年收获的成熟果实只有1000粒左右。

海椰子的臀形果实，摄于北京植物园（现为国家植物园北园）。

此植物的名字有许多，如海椰子、双椰子，值得说得细致一点。

第一类名字与其果实最初的发现地点有关。现在其名字通常写作Coco de Mer，其中"Mer"是法语词，指"海"，de Mer是"来自海"的意思，于是Coco de Mer就是"海椰子"的意思。也有直接叫sea coconut的，意思一样。早先欧洲人以为它是海底某种植物长的果实。其实，它与普通的椰子一样，生长在陆地上，而非海洋。

第二类名字与果实的形状有关，如coco fesse，直译是"臀椰子"，其中fesse是法语词"臀部"的意思。之所以这样称呼，与其果实特异的形状有关。类似的命名有double coconut，即双椰子。看一下图片，就自然明白其中的道理。果实成熟后剥开外壳，去掉光亮的外果皮和厚纤维质的中果皮，内果皮为木质，形状似臀部。

第三类名字与产地有关，如Seychelles nut，即塞舌尔坚果。以前曾称Maldive coconut，即马尔代夫椰子。现在的学名 *Lodoicea maldivica* 中的种加词 *maldivica* 也指马尔代夫。这些都属于误称，当时人们并不知道其真正产地，塞舌尔当时也无人居住。在马尔代夫原来只能拾到一些种子，那地方不产此植物。这种果实成熟后自塞舌尔群岛的陆地掉落到海里，被洋流带到了马尔代夫，人们在海边拾到了这种奇特的果实。此植物的属名 *Lodoicea*，与法国国王路易十五有关。

按理说，两个现已废弃的学名似乎更准确：① *L. sechellarum*，意思是"塞舌尔椰子"。这当然名副其实了。② *L. callipyge*，其中 *callipyge* 的意思是"美丽的屁股"，按时下流行的说法即"美臀"，于是此植物可命名为"美臀椰子"。

现在的学名既然不确切，为何不改呢？实际上许多植物的命名都不很确切，因涉及优先权等问题，如果要改的话非常麻烦，于是也只能将错就错了（按命名法规，也不能随便改名）。名字只是个代号，能解释出贴切的意思更好，解释不了也没关系。

北京植物园（现为国家植物园北园）"万生园"温室建成不久，我在里面见到塞舌尔赠送给我国的此种植物的果实、干枯的雌花和雄花花序。

2008年2月2日，我第一次见到生长中的海椰子，并有幸看到了正在开放的雄花。地点是北纬7°16'8"，东经80°35'43"，海拔489米，位于斯里兰卡中央省古城康提的皇家植物园。在"谷歌地图"中输入这个坐标，立即可定位于植物园的某一点，放大后能够隐约看到两排海椰子。园中的标牌详细描述了这种植物的独特之处。在16世纪时，它就漂浮于印度洋了，但直到1743年，人们才在塞舌尔群岛发现其雌株和雄株。果实重10~20千克，需要5~8年才能成熟。这种珍稀植物是1850年引种到此植物园的。以前斯里兰卡叫锡兰，是英国殖民地。

园中海椰子近东西向有两排，不算高，开花处距地面1~5米不等。有的雌株结果甚多，一株的雌花序上有数百个果实，小的如拳头，大的像美式足球，显然处于不同的生长期。个头大的，上面已用油漆标了号码，可能是为了防止丢失。雄株每株上有十余杆雄花序，棕色，长1米以上，弯曲下垂，像有鳞盾的长松果。雄花黄色，规则生长在花序轴上，像小毛刷子一簇一簇地种在巨大花序梗的网格上。网格左旋5，右旋8。

海椰子叶似蒲葵叶和普通椰叶。随着茎的生长变粗，叶柄的基部多被挤成两裂，露出一个三角区域，但叶仍然活着。

海椰子是一种优秀的绿化树种，我国海南省似乎可以在户外引进试种。不过，要取得这种巨大的种子，不是件容易的事情。据说每枚种子售价上百美元，而且还有若干法律限制。据报道，当时北京植物园园长张佐双于2001年从塞舌尔运回多枚果实，"经过精心的培育和漫长的生长，其中四枚海椰子于2002年6月生出胚根，而其中三枚已经发芽"。2007年，其中的一枚还送到天津热带植物园展出三个月。2005年全国妇联副主席黄晴宜率中国妇女代表团访问塞舌尔，获赠一枚海椰子，现已作为文物收藏于中国妇女儿童博物馆。

　　另有报道说："中国是除了产地之外，世界上第一个繁育成功的国家。"我很怀疑这种说法的可靠性。斯里兰卡有那么多大树，每年也有一些种子成熟，难道他们不做实验？大英帝国当年触角伸到世界各地，能不做发芽实验？他们的繁育都不成功吗？

海椰子的雄花序细部图。

左图：海椰子的雄花序，摄于斯里兰卡皇家植物园。

右图：海椰子的雌株，接近成熟的果实都编了号。

邱园的瓦勒迈杉：恐龙的早餐

20世纪40年代末，中国发现水杉（1948年命名），轰动一时，它被称为活化石，世界各地植物园争相引种。我在牛津大学植物园中就见到一株高大的水杉，上面标明是1949年引种的。也就是说，发现后不到一年，英国人就从中国引种了，速度真快。我还注意到，伦敦海德公园北侧中段，也有一棵来自中国的水杉。而皇家植物园邱园中至少有3株，剑桥大学植物园中至少有2株。

除水杉外，世上还有没有其他活化石？虽然人们无法给出明确回答，但一般的猜测是，发现的机会越来越少，甚至可以说发现的概率接近零。

世界上到底有多少种植物？有多少种乔木？老实点说，我们并不知道，这不是通过推理、计算能够先验解决的问题。虽然人类到处插手，但人类仍然没有遍历世界的每一个角落，不用说亚马孙热带雨林了，其他值得细心考察的地方也多得很。

1994年9月，发现水杉近半个世纪之时，新的世纪发现到来了！诺伯尔（David Noble，1965— ）见到了南洋杉科的一种此前植物界误认为已灭绝两百万年的植物活体瓦勒迈杉（*Wollemia nobilis*）。它们长势良好，但总共不足100株。诺伯尔出生在英格兰，两岁时随父母迁到澳大利亚。他并非职业科学家，而是一位地道的户外探险家，也是国家公园和野生动物保护部门的野外调查员。他在澳大利亚蓝山的瓦勒迈（Wollemi）国家公园中人迹罕至的砂岩峡谷活动多时，为那里命名了若干峡谷景点。

这位年轻人有一定的植物学知识，见到这种植物时就觉得它不同寻常，立即采集了标本。澳大利亚皇家植物园的专家确认这是一项重大发现，随后派直升机回去采集种子。发现瓦勒迈杉后，诺伯尔才修得应用科学的一个本科学位，并被提升为国家公园的一名林业官员。

此活化石的学名中，属名*Wollemia*很清楚，来自那个国家公园的名字Wollemi，种加词*nobilis*呢？这个词本身有"华贵"（noble、famous、grand、notable）的意思，历史上许多植物的学名中包含这个词。而发现者诺伯尔的姓Noble拉丁化后恰好也是这个词。因此，这个命名也算是一举两得了。

瓦勒迈杉是常绿植物，虽然发现于温带雨林地区，但它也能忍耐低于–5℃的温度。澳大利亚推广这种珍稀植物的方式与中国不同，一般不免费赠送，而是拍卖。2005年10月，第一代人工培育的3岁大的瓦勒迈杉幼苗在澳大利亚苏富比拍卖行竞拍，邱园花3000美元竞得第一批树苗30株。拿回英国后，它们在多处被秘密地养育着。邱园的标牌上说，这是首次在澳大利亚以外的国家向游人公开展示。

2010年2月3日，当我第二次来到英国皇家植物园邱园时，在正门附近、园北侧橘园餐厅不远处（坐标是北纬51°28'58"，东经0°17'32"）看到一株高约2.6米的裸子植物。样子奇特，以前从未见过，树周围还用铁笼围着，显然这不是一般的树种。树下有一标牌，标题是"世纪发现"，下面是一组广告词："它很古老，处于濒危状态，它曾是恐龙的早餐。据信两百万年前已灭绝，但如今它载誉归来，这就是Wollemia Pine。"原来此植物就是近年来颇有名气的瓦勒迈杉！

瓦勒迈杉可高达25~40米。叶片剑形，3~8厘米长，2~5厘米宽，向上翘起，分4组轮生，几乎都集中到半个圆周一侧，组与组之间大约60°角。也有少数枝条上的轮生叶片超过半个圆周，但没有均匀分布于整个圆周的。叶片基部着生于小枝的形状，与南洋杉接近。小枝的顶端生有球花，雌雄同株。雄球花细长，雌球花矮胖。据说，授粉后18~20个月成熟。成长中的球花样子不太像裸子植物的球花，倒是有点像天南星科植物未成熟的肉穗！

顺便一提，这种世界上古老、珍稀的植物，在澳大利亚任何人都可以购买，价格并不高：批量购买盆栽小苗，高50厘米者59.90澳元一株，高70厘米者94.90澳元一株，运费每株不足20澳元。国际上购买可能麻烦一点，价格颇高。经过协商，2005年澳大利亚政府赠送两株瓦勒迈杉（分别高150厘米和90厘米）给中国台湾的科学博物馆植物园。中国大陆目前是否引种了这种植物，我还不清楚。

邱园的瓦勒迈杉，南洋杉科。

上图：瓦勒迈杉顶视图。　下图：瓦勒迈杉叶的着生方式。

剑桥大学植物园

"轻轻的我走了，正如我轻轻的来；……我挥一挥衣袖，不带走一片云彩。"这是徐志摩1928年《再别康桥》中的句子。康桥即Cambridge，指英国的剑桥。2010年2月4日我们在剑桥大学的剑河旁，竟然看到了用中文刻在石头上的首句和末句。据说，这诗在当地确有一定名气，剑河上的洋人船夫也能背出几句。

这次到英国本没有去剑桥的计划。快回北京的时候，突然在新浪博客上看到章梅芳的留言，邀我到剑桥。她目前在剑桥大学访问。只有一天时间，能看什么？最多欣赏一下那里几大学院古朴的建筑。犹豫再三，最终与肖龙赶去。从伦敦到剑桥，乘火车50分钟就到。

没有特别的计划，看什么都一样，都算新鲜，因而不着急。出火车站后，不知不觉就进了剑桥大学植物园。以前听说过此大学有植物园，肖龙也提醒过我，而它就位于几大著名学院与火车站之间，绕过去说不通。进了园子，发现它比我想象的大得多、精致得多，植物种类相当丰富。虽是冬季，大量草本植物看不到，但仍能感受到植物园管理得相当细致，植物分区与标识都很清楚。

在一长条形花池中，一株株罂粟小苗刚长出，周围并无护网。是做毒品海洛因的罂粟？没错。在许多国家，包括中国，法律禁止种植罂粟。

植物园中有来自中国的许多植物，如水杉、蜡梅、紫藤，看到后感觉十分亲切。此时蜡梅盛开，香气扑鼻。来自美国的光皮柏木

（*Cupressus glabra*）长得很高大，嫩枝和柏籽都很漂亮。园中也有白果槲寄生（*Viscum album*），远瞧像鸟巢或枣树、毛泡桐树上的"疯长枝"，走近了看才知道是寄生植物。园中也有球芽甘蓝、冬小麦、对开蕨、枸骨叶冬青、小根蒜的身影。

园中的温室不算很大，但颇有特点。我去的植物温室数量也不少，温室中植物品种大同小异。不久前还参观了英国皇家植物园邱园的几个温室，实话说也就那样子。但是剑桥大学植物园的温室让人喜出望外。章梅芳首先看到一株木质藤本植物的花，她远远地嚷道："像是假的。"我们忙凑上前观看。花序倒垂，足有1米多长，真像是假花。花的颜色太奇特了，与蜡染布料的颜色接近。细看，是豆科植物。叶三出，茎右手性。花蝶形，龙骨瓣呈天堂鸟喙状，向上卷起。可以合理地猜测，此植物原来生长在热带，并且可能需要某种鸟为其传粉。此植物英文名为jade vine或者emerald creeper，学名为*Strongylodon macrobotrys*，中文名为"翡翠葛"。这个译名既传神也贴切。它原产于菲律宾，我在中国还没有见到，不知南方是否有引种。如果我在植物园工作，一定要想方设法引种此植物。

在温室里还见到了较有特色的香荚兰和绿檀。前者中国海南兴隆也有种植，其蒴果（注意，不是荚果）可提取重要的香料，香草冰淇淋应当就含有这种香料。不过许多厂家用的是合成品，比较便宜，味道差远了。绿檀属于蒺藜科植物，木材纹理呈淡绿色，有特殊香味，比重相当大，可迅速沉入水中。北京市场上偶尔能见绿檀做的佛珠和笔筒，价格不菲。直径30~40厘米的笔筒，价格达数千元或上万元。我在斯里兰卡见过绿檀的果实，外表像大红袍花椒，只是个头更大。它的花非常漂亮，我未见实体，只瞧过照片和植物彩画。温室中还有巨魔芋（*Amorphophallus titanum*），它有全世界最高大、也很臭的花，此时已开过花，叶柄上的花纹有点恐怖。

出了温室，临近植物园书店时被一阵浓香吸引住，原来是一种黄杨科常绿灌木的花香，它的名字叫黑果野扇花（*Sarcococca confusa*）。花黄色，成束状，浆果黑色。此时有的枝头在开花，有的结有成熟的果实。小书店极有特色，植物书和与植物有关的纪念品非常多，让人不想离开，中国所有植物园都缺少这类书店，不知能否改一改。

接着，便匆忙参观剑桥大学几大学院的建筑。在三一学院门口的北侧，见到传说的那棵苹果树！学院的宣传单上明确标出这株苹果树，并称它是当年砸牛顿头的那株树的后代。只当是有趣的传说好了，因为苹果砸头的故事本身就是编出来为争平方反比定律优先权的。数理传统的巨人牛顿与博物传统的巨人雷（John Ray），属于同时代人，雷年长14岁，两人都曾在三一学院学习、工作过。

快要结束参观时，在圣约翰学院、皇后学院西侧林下草坪上忽然发现许多小黄花。远看像顶冰花，近看不是，叶形不对。当时我没有认出来，只知道它是毛茛科植物。此时天气阴暗，用大光圈、高感光度，好不容易拍了几张。回家后查得，此植物是冬菟葵（*Eranthis hyemalis*），英文名为winter aconite。菟葵属全球共8个种，中国有3种，但没有这个种。在寒冷的冬季，冬菟葵开出了脆弱却灿烂的小黄花，让沉寂的大地显现了初春的气息。在英格兰，此时与它有一拼的，似乎只有1月就开出靓丽小白花的雪滴花（*Galanthus nivalis*）了。

傍晚，我挥一挥衣袖，带走了满脑子的植物记忆。

补充：从网上得知，中国科学院西双版纳热带植物园目前已经栽种翡翠葛。

剑桥大学植物园中的罂粟幼苗。

光皮柏木。

左图：翡翠葛花序。　右上图：翡翠葛的三出叶。　右下图：温室中的绿檀。

上图：剑桥大学植物园中的黑果野扇花。

下图：黑果野扇花，果实已成熟。

左上图：剑桥大学圣约翰学院的冬菟葵。

右上图：剑桥大学三一学院大门口的苹果树。

下图：冬菟葵与绿头鸭。

近观体积最大的树种巨杉

蓝鲸是世界上最大的动物，但与植物世界的巨无霸巨杉（*Sequoiadendron giganteum*）相比，则小巫见大巫。巨杉是世界上现存体积最大的树种，但不是世界上现存最高的树种。现存最大的巨杉名字叫"谢尔曼将军"（General Sherman），由博物学家沃尔弗顿（James Wolverton）于1879年以美国内战时的北军名将谢尔曼（William Tecumseh Sherman，1820—1891）命名，他曾在将军手下任职。这棵巨杉2000年测量高83.8米，地表树干周长33米，体积达1489立方米。其学名直到1939年才由美国植物学家布斯霍尔兹（John Theodore Buchholz，1888—1951）确定下来。实际上早在1853年林德利就给出过一个学名，后被认为无效。

在英语世界，三种不同种的高大裸子植物都叫作Redwood，字面意思是"红木"，一般称"红杉"。它们与中国家具行业讲的红木一点关系也没有。这三种植物名字特别容易混淆，不仅仅在汉语世界易混，在英语世界也一样。这三种植物分别是：

（1）巨杉，俗名为 Giant Sequoia 或 Sierra redwood。原产于美国西部。

（2）北美红杉（*Sequoia sempervirens*），俗名为Coast Redwood 或 California Redwood，它是世界上现存长得最高的树种，达112米。原产于美国西部。

（3）水杉（*Metasequoia glyptostroboides*），俗名为Dawn Redwood。原产于中国。

为了显示巨杉之大，许多图书都展示过倒下的植株，巨大的树干被挖掉"一小块"，可容汽车从中通过。上海科技教育出版社1999年引进出版的《百大自然奇观》把巨杉列入其中，巨杉挖掉的缺口倒扣在公路上，形成一个"门楼"。在其他读物中，能见到的图片基本类似。从图片中读者能了解什么呢？信息也不少，比如知道它是一种裸子植物，这很容易猜到，因为它外表与常见的松柏类似。但它与我们仍然有相当的距离感，实话说，我们不知道它具体长什么模样，因为要显示其高大，照片几乎都是远景拍摄的。植物爱好者想分辨这种植物，最好有特写镜头。

　　2009年10月号美国《国家地理》杂志封面故事讲的Redwood，是指北美红杉，即海岸红杉。这期杂志中有大量精彩照片，特别是附有一张巨幅彩色北美红杉插页，宽220毫米，高745毫米。拍摄这张照片相当麻烦，《国家地理》杂志社动用大量高科技设备，最终的照片是由许多张数码照片拼接而成的。这期杂志有近一半篇幅在讲此植物，但由于没有树皮、细枝、繁殖器官的特写照片，最终读者仍然无法获得最直观的感性认识。据说，尼克松访华时赠送给中国一株北美红杉，栽种在杭州植物园，我曾去找过，没见到。也许碰上了，没有认出来。

　　"红杉"中的巨杉，我最终在英国皇家植物园邱园和剑桥大学植物园中见到了，并且能够近距离仔细察看。在邱园里，西南部的维多利亚湖边有一株巨杉，米粒大的雄球花和核桃大的雌球花不用爬树就可以看得很清晰。这株巨杉并不算太大，直径两米左右。

　　巨杉的树皮和球果很有特点，应当是鉴别它们的最重要部件。小枝特征不明显，与池杉接近。巨杉幼树长到12年时才开始结球果。球果比想象的要小，鳞盾接近菱形，鳞脐居中微凹，沿菱形长对角线有一条明显横棱。种子带翅，比想象的更小。一株大树一年可生产30万~40万粒种子。种子产出虽多，但在自然条件下，不容易发芽，即使发芽也难以成活。据说，需要借助周期性的森林野火帮助清理林地，巨杉的种子才容易萌发和成长。

在树林中，为争取阳光，距地表20~50米的树干上一般不再有树枝；而独立生长的巨杉，地表侧枝发达。剑桥大学植物园温室旁边的一株巨杉近地粗枝竟然扎进了土里。

我的能力很有限，但我愿意通过自己的举手之劳，把巨杉的近照奉献给大家，使普通人也能看清它长什么样。

英国皇家植物园邱园园内的维多利亚湖，湖东南侧是裸子植物区。

上图：邱园中的巨杉。　下左图：生长中的巨杉球果。　下右图：巨杉树下陈年的巨杉球果。

怀特故乡塞耳彭的蕨与山毛榉

　　18世纪的英格兰人怀特（Gilbert White，1720—1793）以书信体写出《塞耳彭博物志》，开创了一种新型的博物学，这本书也成了英语世界重印频率第四的图书。

　　位于英格兰南部汉普郡的小乡村塞耳彭，在随后的两个多世纪中，其名声愈来愈大，全因了这部书和作者。塞耳彭成了博物学家、生态学家、思想史家重要的朝圣地。达尔文、洛厄尔和巴勒斯等，都先后到此拜访。

　　2010年1月，我第一次到英国，最想去的地方就是塞耳彭。回来后总结，收获最大的正是在塞耳彭所住的三天。国内喜欢阿卡迪亚（田园牧歌）博物学的朋友，有机会到英国，一定要去塞耳彭感受一下。

　　伦敦、牛津、塞耳彭构成一个三角形。我先由伦敦到牛津，住了一周，又打算去塞耳彭。行前用谷歌地图反复查看塞耳彭的位置和行车路线，最佳方案是先乘火车到离塞耳彭不远的奥顿（Alton）。1月30日早上8点来到牛津火车站，计划好了如何多次换乘。买到火车票一瞧，与计划的不完全一致。好在随票打印了一张详细、准确的换乘站和时刻表。8:16乘First Great Western公司的火车，9:08到巴辛斯托克（Basingstoke，怀特年轻时在此读过书）；9:24换乘South West Train Network公司的火车，9:53到布鲁克伍德（Brookwood）；10:06再换同一公司的火车，10:37到奥顿。一路上火车空空的，每节车厢只有三五个人。播音员以纯正的伦敦英语报站名、提醒换乘，绝对清晰，不会听差。

我准时到了奥顿，准备改乘出租车到塞耳彭。等了半小时总算叫来一辆，一位60多岁的司机开车送我。打听附近是否有住处，老先生皱起眉头，提醒我那只是个小村子，不大可能有旅店。在牛津，我曾电话联系过塞耳彭的一家小旅店，名叫"女王客栈"（Queens Inn），回答是此时在冬季装修，不对外营业。司机带我找了沿途一家乡村客栈，敲门，无人回应。只好南行，进了塞耳彭村，来到了此前联系过的女王客栈。见我只身一人，从中国北京来到这里，仅仅是想感受一下怀特笔下的英格兰乡村，对方有了一丝同情。客栈的两个小伙子爽快地答应，我可以凑合着住下，晚饭他们解决，但早、中餐让我自己对付一下。客栈为三层英式别墅，总面积不下800平方米，此时只有两人在施工，完全不碍事，我心怀感激地住进二层4号。走廊和室内的墙上挂着多幅古旧的鸟类画和风景画，古色古香，博物氛围十足。打开暖气阀门，屋子立刻变暖。条件比我预想的要好得多，房费每晚30镑，也算合理。

女王客栈与怀特老宅相距仅60米，与村里的圣玛丽教堂相距120米，与怀特的出生地相距100米。

20分钟后，我开始了对怀特家乡的户外考察。楼下是一条近南北向的"主街"，在英国一般称high street。向左（西北方向）望去，街对面不远处即是怀特的老宅子，现在已是博物馆，舍不得先看，留着明天参观。于是特意向反方向行走，准备先找一处高地，向周围望望。在国内，中英文《塞耳彭博物志》看过多遍，书中的插图、地图烂熟于心，实地对照，两百多年来，似乎都没有大的改变。

书中说："在西南一角，有丘高起于村子300英尺的，是一座白垩质的山；它为地颇广，可分为一片牧羊的丘原，一座高树林和一条长树林；人称后者为'垂林'。因为它的枝条垂附在山坡上。"

村中的指示牌显示了我熟悉的字样Sheep Down、Hanger和Zig-Zag Path。前者指"牧羊的丘原"，为面积颇大的山坡，位于山丘南侧和东端。此时没有羊，只有几匹普通马和两匹矮种马。Hanger就是"垂林"了，指一片西北—东南走向的树林，在山丘北缘。后者是指怀特兄弟1753年开辟的一条之字形上山的小径，直通山丘顶部。小径底端立有"公地"标牌，以及用水泥做成的硬币捐款箱。

我的第一个目标是，登上小山，从上面整体地瞧瞧塞耳彭。上山前，在树篱边见到天门冬科（原百合科）的假叶树，此前这种植物我只在中国科学院香山植物园（现为国家植物园南园）温室中见过。英格兰乡村的篱笆都是活的，几乎本土的任何植物都可充当篱笆，以榛属、接骨木属、山楂属、椴属、苹果属、槭属植物为主。令人激动的是，在冬天的1月底，林下的雪滴花竟然开花了。它的英文名字snowdrop似乎提示，它不怕冷。清晨，这里的温度在−4℃左右，此花显然不在乎。资料显示，它是英国一年当中开花最早的植物。这种石蒜科植物在英国随处可见，看到它令人立即想到同科的水仙。雪滴花有三枚雪白的花瓣，略低头，有一片绿叶"弯着手"在上面保护着花。随后几天，在教堂附近和怀特的大院子里再次见到此植物。

沿之字形小径上山，脚踩在昨晚刚冻起来的表土，发出喀喀的响声。路边有许多依然呈绿色的蕨类植物，主要有两种：① 铁角蕨科的对开蕨（*Asplenium komarovii*），英文名为Hart's tongue，"鹿舌"的意思，中国吉林省靠近鸭绿江的临江市也有；② 鳞毛蕨科的欧洲耳蕨（*Polystichum aculeatum*），英文名为Hard shield fern。前者更耐冻一些。山丘顶部平缓坡上广泛分布着另一种高大的蕨类植物——碗蕨科的欧洲蕨（*Pteridium aquilinum*），英文名为Bracken。它不是常绿的，此时能见到干枯的茎叶。中国境内常见的蕨（*Pteridium aquilinum* var. *latiusculum*），是它的变种。接下来两天的考察证实，欧洲蕨遍布塞耳彭，在塞耳彭东南方的"蜜路"（Haney Lane）一线尤其多。日本人和中国人喜食蕨，不知道英国人是否吃它。塞耳彭一带还有第四种蕨，为附生植物，根状茎横走。第二天向东行走，在原来的小修道院（现为牧场）附近小溪边见到。它是水龙骨科的欧亚多足蕨（*Polypodium vulagare*），英文名为Polypody，主要分布于欧美、日本，中国只在新疆有。这样，塞耳彭一行共认识了4种蕨，以前均未见过。当时就认出来了吗？我没那么高的水平，完全是事后查书查出来的，我在英国购买的一堆植物书派上了用场。

十多分钟后登上小山丘，向北俯视，下面是"牧羊的丘原"的东端，中间是隐没在树林中的塞耳彭村，远处是怀特书中所描述的哈特利农场。沿山梁向西北走几百米，找到树林的缝隙，才能看到下方怀特家的老房子、巨大的花园，以及村中唯一的教堂。由于树木遮挡，村中的主街从山上始终无法看到。

山顶地势平坦，壳斗科水青冈属的欧洲山毛榉（*Fagus sylvatica*）是优势树种，长得十分高大。"覆盖这一高地的净是榉树；论皮的光滑、叶的亮泽，或垂柯的优雅，这种树，都称得上林木中最可爱的。"怀特当年的这番描写，相当准确。欧洲山毛榉与橡树、白蜡、榛树、桦树构成这一带最主要的乔木。其中欧洲山毛榉占绝对优势。高20米以上、胸径一抱粗的欧洲山毛榉，随处可见。仅看嫩枝端的新芽和落叶的外形，这种树有点像桦木科的鹅耳枥。但从叶的大小、树皮的光滑程度以及果实的形状可以严格区分两者。山毛榉的壳斗4瓣裂，不同于板栗、蒙古栎的碗状壳斗。被风吹倒的老树，一部分任凭它们枯萎、烂掉，权当了土地的肥料；另一部分被村民锯成一段一段的圆木墩，用斧头可轻松劈开当烧柴。把树砍了当柴烧，似乎是我们经常谴责的行为，其实它有相当的合理性，只是在人口多、过度砍伐时才出现问题。

山顶有三种高大的木质藤本植物。一种是毛茛科铁线莲属植物，此时只有种子、宿存的花柱和高高悬垂的藤干，大概是毛茛科的老人须（*Clematis vitalba*），即白藤铁线莲。第二种为五加科的常春藤（*Hedera helix*），英文名为Ivy，在整个英格兰分布十分广泛，品种极多。从北京到伦敦后，我见到的第一种植物就是它，在牛津也到处有它的身影。许多鸟隐藏在常春藤叶下吃着黑色的果实。它"攀高枝"的本事很大，但似乎并不伤害它所依附的对象，两者共生共荣。第三种是忍冬科的欧洲忍冬（*Lonicera periclymenum*），也叫香忍冬，英文名为Common Honeysuckle，此时刚发出一点新芽。前两种的手性为中性，后者为典型的左手性，这一点与同科同属的金银花一样。左手性植物，是我一直关注的，自然从多个角度拍摄了照片。

山顶树林中偶尔穿插着一种常绿小乔木，在冬日里格外显眼。穿过密林，走近细瞧，发现是冬青科冬青属的枸骨叶冬青（*Ilex aquifolium*），英文名为Holly，样子似枸骨。其叶鲜绿、光亮，革质。

叶两型，近地表的横向枝上长出的叶有尖锐的锯齿，而且叶面波状起伏，而上部枝上的叶有着较圆滑的叶缘，叶面很平整。同一种树长出两种叶，也见于常春藤。从演化的角度看，枸骨叶冬青有两种叶是颇合理的，下部的多刺叶可以保护自己免受伤害。枸骨叶冬青的果实呈鲜红色，我只见到少数几粒。北京地区冬季缺少绿色，可以考虑引进此种植物，估计它在北京越冬不成问题。

山顶的林间空地，多被蔷薇科的灌木状黑莓（*Rubus fruticosus*）占据，其英文名为Bramble。这种植物与同属的牛叠肚（山楂叶悬钩子）类似，茎和叶上都长着非常厉害的小钩（皮刺），但茎更长，刺更结实，在林缘穿行很容易被它们划伤。非花枝上的叶为掌状，有5片小叶。它结一种黑亮、样子像桑葚的果实。除了带皮刺的、倾斜的红色茎外，此时还可见或绿或红的叶子，以及去年秋季没有开完、已被冻死的花序。这种植物占领地盘的本领很强。牛津火车站青年旅店附近的马路边就有这种植物。伦敦邱园中靠南一侧也被它侵占。为了不影响宿根花卉在早春正常开花，邱园的工人刚刚对它们进行过清理。办法是从根部割断、拖走。这并不是彻底的办法，不久它肯定要重新发芽，再度占据地表1.5米以下的空间。连根拔出呢？一是费力，二是可能伤到别的植物。这种植物的优点也是蛮多的，可观花、食果，茎还可用作绝好的篱笆。

我在山丘上悠闲地转了一个多小时，踩着落叶，听着鸟鸣，尽情感受怀特曾体验的自然世界。

如果不见空中时而掠过的飞机，也许真的难以分清这是在18世纪还是在21世纪。

塞耳彭有一个怀特，怀特让全世界自然爱好者记住了塞耳彭，塞耳彭留住了典型的英格兰乡村美景、人与自然和谐共生的时空画卷。塞耳彭的节奏是慢的。慢，才保住了18世纪的风物。中国的塞耳彭在哪里？

关于速度，本来有两个价值端，一个是快，另一个是慢。盲目崇拜现代化之快的人，完全看不到另一端慢的价值。只有像老子一样理解了慢所具有的价值，我们才有希望克服现代化的片面性。

补充：英国《卫报》2004年9月有一篇文章，标题就叫"致命的蕨"。文章说欧洲蕨污染水源，能导致癌症。《读者》上也有文章说纯天然的蕨菜能致癌。不过，考虑到世界上许多地方的居民均长期食用蕨菜，上述说法可能还需要进一步验证。致癌是复杂的过程，科普作家不要轻易吓唬百姓。另一消息：2021年，我的学生余梦婷翻译出版了理查德·梅比撰写的《吉尔伯特·怀特传》。

怀特家乡塞耳彭的圣玛丽教堂。

上图：从山顶向下望"牧羊的丘原"。　下图：天门冬科假叶树。

上图：对开蕨。　中图：欧洲耳蕨。　下图：欧洲蕨。

上图：怀特家乡塞耳彭的冬季风光，此处位于圣玛丽教堂的东侧。下图：欧亚多足蕨。

上图：常春藤横截面，从中可以看出它并不侵入它所攀爬的树木。
左下：欧洲忍冬，茎左手性。　右下：欧洲忍冬细部，叶刚刚长出来。

474

上图：欧洲山毛榉林地，绿色者为枸骨叶冬青和常春藤。

下左图：欧洲山毛榉倒木。

下右图：用作薪材的欧洲山毛榉。

冬青科枸骨叶冬青。

上图：枸骨叶冬青上部的叶刺较少。　下图：蔷薇科灌木状黑莓。

关于书中提及植物名称的说明

　　本书不是植物科学专门著作，但依然不可避免地用到大量植物名称，且不限于科学家愿意使用的某些类型的名称。需要说明的是，只有用拉丁文书写、符合国际命名法规的名称才叫"学名"，严格讲没有"中文学名"一说，用中文书写的（以及用英文、法文、日文、德文、朝鲜文、阿拉伯文等书写的）所有名称都是"俗名"。当然，有的"俗名"显得正式些，即便正式，也并非一成不变，对于同一种植物实际上各种科技文献中所采用的名称也经常不同，读者使用时需要细究其所指。植物学文化、博物学文化相当程度上是与各类名称打交道，要了解其来龙去脉，知道其指称关系。本书目标读者是非科学家，依博物学、人类学的视角，各地不同人使用的植物名称理论上是平等的，都有其价值，都反映了一定的地方性知识。如"地瓜"与"番薯"平等，"空心菜"与"蕹菜"平等，这些名称在一定语境下都可以使用，并无不当。如果强行统一，反而损失了重要信息，也令一些读者感到隔膜。为了避免指称混乱，在正式交流中宜鼓励指定特定语境中的名称所对应的拉丁学名，甚至还要指定模式标本，后者普通人一般做不到。植物的分"科"信息近些年变化较大，随着APG系统的广泛应用，本书将兼顾新旧，一般在括号中注明某植物原来所在的"科"，这样会方便熟悉旧分类体系的读者。比如对于"日本续断"这种植物，书中标出"忍冬科（原川续断科）"。

延伸阅读

- ALLEN D E. The Naturalist in Britain: A Social History[M]. Princeton: Princeton University Press, 1994.

- DEXTER R W. The Early American Naturalist as Revealed by Letters to the Founders[J]. The American Naturalist, 1956, 90(853): 209–225.

- DOBZHANSKY T. Are Naturalist Old-fashioned? [J]. The American Naturalist, 1966, 100(915):541–550.

- DUNN L C. The Naturalist in America [J]. The American Naturalist, 1944, 78(774):38–42.

- ECOTT T. Vanilla: Travels in Search of the Luscious Substance[M]. London: Penguin Books, 2004.

- FARBER P L. Finding Order in Nature: The Naturalist Tradition from Linnaeus to E.O.Wilson[M]. Baltimore and London: The Johns Hopkins University Press, 2000.

- FAN F T. British Naturalists in Qing China: Science, Empire, and Cultural Encounter[M]. Cambridge and London: Harvard University Press, 2004.

- JARDINE N, SECORD J A, SPRAY E C. Cultures of Natural History[M]. Cambridge: Cambridge University Press, 1996.

- PHILLIPS D. Friends of Nature: Urban Sociability and Regional Natural History in Dresden, 1800–1850[J]. Osiris, 2003 (18):43–59.

- WHITE G. The Natural History of Selborne[M]. London: Penguin Books, 1987.

- 迈克尔·波伦. 植物的欲望: 植物眼中的世界[M]. 王毅, 译. 上海: 上海人民出版社, 2003.

- 苗欣宇, 马辉. 仓央嘉措诗传[M]. 南京: 江苏文艺出版社, 2009.

· 戴斯蒙德，穆尔. 达尔文[M]. 焦晓菊，郭海霞，译. 上海：上海科学技术文献出版社，2009.

· 怀特. 塞耳彭自然史[M]. 缪哲，译. 广州：花城出版社，2002.

· 孔令伟. 博物学与博物馆在中国的源起[J]. 新美术，2008，29（1）：61–67.

· 利奥波德. 沙乡年鉴[M]. 长春：吉林人民出版社，1997.

· 刘华杰. 大自然的数学化、科学危机与博物学[J]. 北京大学学报·哲学社会科学版，2010，47(3)：64–73.

· 裴盛基. 民族植物学研究二十年回顾[J]. 云南植物研究，2008，30（4）：505–509.

· 皮克斯通. 认识方式：一种新的科学、技术和医学史[M]. 陈朝勇，译. 上海：上海科技教育出版社，2008.

· 丘彦明. 浮生悠悠[M]. 北京：生活·读书·新知三联书店，2003.

· 阮帆. 博物学追求无用之用[N]. 北京科技报，2005–05–25（B13）.

· 托马斯. 人类与自然世界：1500—1800年间英国观念的变化[M]. 宋丽丽，译. 南京：译林出版社，2008.

· 汪劲武. 常见野花[M]. 北京：中国林业出版社，2004.

· 汪劲武. 植物的识别[M].北京：人民教育出版社，2010.

· 王辰. 华北野花[M]. 北京：中国林业出版社，2008.

· 《北大讲座》编委会. 北大讲座（第十五辑）[M] //吴国盛，刘华杰，苏贤贵. 博物学的当代意义. 北京：北京大学出版社，2007，286—295.

· 朱渊清. 魏晋博物学[J]. 华东师范大学学报·哲学社会科学版，2000，32（5）：43–51.